水泥企业生产安全典型事故解析

张雪中　丁新淼　刘卫英　主　编
中国建材检验认证集团股份有限公司　组织编写

煤炭工业出版社
·北　京·

图书在版编目（CIP）数据

水泥企业生产安全典型事故解析/张雪中，丁新淼，刘卫英主编；中国建材检验认证集团股份有限公司组织编写 .--北京：煤炭工业出版社，2017（2019.6 重印）

ISBN 978-7-5020-5966-8

Ⅰ.①水… Ⅱ.①张… ②丁… ③刘… ④中… Ⅲ.①水泥工业—安全生产—安全事故—事故分析—中国 Ⅳ.①TQ172

中国版本图书馆 CIP 数据核字（2017）第 152118 号

水泥企业生产安全典型事故解析

主　　编　张雪中　丁新淼　刘卫英
组织编写　中国建材检验认证集团股份有限公司
责任编辑　罗秀全
责任校对　尤　爽
封面设计　安德馨

出版发行　煤炭工业出版社（北京市朝阳区芍药居 35 号　100029）
电　　话　010-84657898（总编室）
010-64018321（发行部）　010-84657880（读者服务部）
电子信箱　cciph612@ 126. com
网　　址　www. cciph. com. cn
印　　刷　北京市庆全新光印刷有限公司
经　　销　全国新华书店

开　　本　710mm×1000mm 1/16　**印张**　10　**字数**　183 千字
版　　次　2017 年 9 月第 1 版　2019 年 6 月第 2 次印刷
社内编号　8846　**定价**　78. 00 元

编审委员会

主　　任　陈　璐　张雪中

副 主 任　王　勇　梁文学　石保平

委　　员　高立军　赵　威　刘　憬　高士忠　姚　飞　袁贵林　何　峻

主　　编　张雪中　丁新淼　刘卫英

副 主 编　石　兴　刘文长　贾庆海　李森林　张瑞艳　李占全

编写人员　赵　敦　梁红梅　刘平松　于观华　张　笠　胡淑双　曹前明　王养正　陈晓光　吴小意　戴　玥　王　雪　杨松柳　郝慧慧　周　军　刘晓飞　曹　芮

组编单位　中国建材检验认证集团股份有限公司

参编单位　中国建材集团有限公司安全生产培训中心

中国联合水泥集团有限公司

沂南中联水泥有限公司

华润水泥控股有限公司

承德金隅水泥有限公司

拉法基豪瑞中国–华新水泥股份有限公司

前　言

水泥是国民经济建设的重要基础原材料，水泥工业与经济建设密切相关。在未来相当长的时期内，水泥仍将是人类社会的主要建筑材料。

进入21世纪以来，随着经济的迅速发展和新型干法水泥生产技术的成熟，水泥工业得以迅速发展。在谋求发展的同时，水泥企业坚决贯彻落实党中央、国务院决策部署，严格落实安全生产责任，全面推进安全生产标准化建设，不断强化安全生产隐患排查治理，深入开展安全生产大检查，安全管理水平大幅提升，员工安全意识逐步提高。水泥企业也实现了由过去“晴天一身土、雨天一身泥”的污染严重企业到现在“远看是花园，近看是工厂”的现代化绿色企业的转变。但在一些地区和部分企业仍然存在思想上不够重视、责任落实不到位、安全培训流于形式、安全投入不足、作业人员文化程度较低、安全意识淡薄等问题，加之生产经营规模不断扩大，新工艺、新装备、新材料、新技术的应用，导致各类事故隐患和安全风险交织叠加，部分水泥企业仍然时有安全事故发生。

为了更好地预防和减少水泥行业生产安全事故，我们对已经发生的事故案例进行收集、分析，总结其中的经验教训。经过近半年时间，共收集到近年来发生在水泥企业的240余起事故案例。这些案例一部分来源于水泥企业，一部分来源于已经公开的事故调查报告，一部分由行业专家提供，所有事故均属真实案例。

对所收集的事故按照易发生性、典型性、造成后果的严重性进行了筛选，保留了其中的60余例事故，并依据事故发生的原因将其分为安全风险辨识、知识培训与操作技能、违章和盲目操作、作业许可、变更管理、设计安装与设备材料、相关方管理等七大类别。针对60余例事故中的24例，对事故发生的经过、直接原因、间接原因、管理原因等进行详细分析，并采用完整性管理分析方法从另一角度探究事故发生的原因。在每起事故案例后附有与该起事故发生原因类似的事故案例，我们不对这些案例进行详细解析，仅将其作为该起事故的扩展性阅读资料，供安全生产管理人员及从业人员学习、思考。

完整性管理分析方法，是对事故发生前、发生过程中涉及的人、机、料、法、环等因素，以及事故发生后应急救援过程中存在的各种风险因素进行识别，并制定相应的风险控制对策。采用完整性管理分析方法，从另一个角度剖析事故发生的原因，旨在加深读者对事故发生原因的理解。对事故案例的完整性管理分析主要从以下几个方面展开：风险评估与管理、事故隐患、变更管理、工程授权、设备完整性、保护系统、员工能力与操作规程、事故调查、应急响应、完整性管理与经验教训的实施等。在对具体事故进行完整性管理分析时，只对事故涉及的某些方面进行分析。

本书编写的目的是对事故案例进行回顾、分享、学习，探明事故发生的原因，吸取事故的经验教训，提升人们的安全意识，促进安全管理水平的提高。

为了避免对事故中涉及的企业、人员等造成影响，在分析事故时均隐去具体的企业名称、人员名字等信息。

本书描述的每一起事故都是相互独立的，读者可以根据自己的需要选择性阅读。虽然这些事故案例均来源于水泥企业，但从事故中吸取的经验教训也可以应用到其他行业、企业。

由于时间仓促，以及对事故完整信息的缺乏，文中难免会有不当之处，敬请读者谅解，并提出宝贵的改进意见。

编　者

二〇一七年六月

目录

第一章 概　　述

据《中国安全生产发展报告（2011—2015)》统计，2015 年全国发生各类生产安全事故 28.2 万起、死亡 6.6 万人，其中较大以上事故 1054 起、死亡 4588 人，重特大事故 38 起、死亡 768 人。

图 1-1 给出了 2010—2015 年我国生产安全事故的总起数和死亡人数，图中数据来源于《中国安全生产发展报告（2011—2015)》。

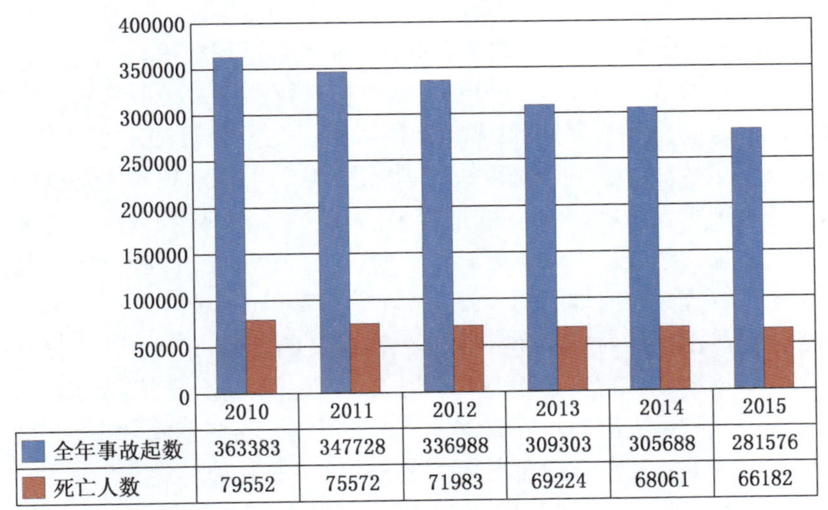

	2010	2011	2012	2013	2014	2015
全年事故起数	363383	347728	336988	309303	305688	281576
死亡人数	79552	75572	71983	69224	68061	66182

图 1-1　2010—2015 年全国事故起数及死亡人数

从图中可以看出事故起数和死亡人数呈逐年下降趋势。但是，我国的安全生产形势依然严峻复杂，尤其是重特大事故频发且危害严重，暴露出安全生产体制机制法制不完善、安全发展理念不牢固、企业主体责任不落实、安全监管执法不严格等问题。

水泥企业作为传统的建材企业，安全管理相对薄弱，生产安全事故时有发生，这与水泥企业的生产安全管理现状、国家的经济发展水平不无关系。

第一节　水泥企业安全生产现状

我国的水泥企业已经走向世界，成为世界水泥市场上不可或缺的主力军，但在安全管理方面与国际先进企业还有一定的差距。

一、国内水泥企业安全生产现状

水泥行业作为基础原材料工业，在国民经济发展、生产建设和人民生活中发挥着重要的作用。进入21世纪以来，尤其是2004年以来，我国水泥行业产量节节攀升，至2016年水泥产量已达2.4 Gt，水泥生产企业达3400余家。

由于我国在安全生产管理方面相较于一些发达国家来说起步较晚，因此长期以来我国安全生产工作基础薄弱，安全生产管理水平落后于发达国家。水泥行业与其他行业一样，在安全管理上同样存在着诸多问题：

（一）企业领导对安全生产的认识不足，安全管理理念落后

部分企业负责人“重生产轻安全”的思想比较严重，对国家有关安全生产的法律、法规、方针、政策未能认真贯彻落实。在安全管理上存在侥幸心理，发生生产安全事故后，就“头痛医头，脚痛医脚”，不能从根本上解决问题；在工程项目建设或者设备检（维）修过程中，只追求眼前利益，盲目追求效率和进度而压缩工期，不顾员工身体健康和生命安全。对安全管理的认识存在误区，认为安全生产管理是政府部门的事，是安全管理部门的事。

调查数据显示，认为安全生产管理工作重要的企业占95%以上，但在企业内部的工作安排上，却把安全管理部门放在最后，而安全管理部门真正能够参与企业重大方针政策决策的只有26.6%。由此可见，这些企业“重视安全生产”只是停留在口头上，安全管理在实际工作中往往只是一种形式。

（二）安全管理组织机构不健全，安全管理人员配备不足

很多企业尤其是中小企业，以精简机构或者节省人力资源成本为理由，不设置专门的安全管理机构，安全管理工作由其他部门代管或兼管，导致安全管理措施执行、监督的缺失。在安全管理人员的配备上，没有认识到安全管理人员必须具备一定的专业知识、管理技能才能胜任，而出现不配备或者配备人员不具备相关能力的现象。

（三）安全管理制度可执行性差，安全管理无据可依

在相当多的企业中，安全管理制度由安全管理部门“一手包办”，编制过程中没有相关部门和作业人员参与，虽然内容比较全面，但是和生产实际情况严重脱节，缺乏适应性和可操作性，在执行过程中很难落实到工作中，出现制度

要求和实际管理“两层皮”，导致了企业安全管理目标不明确、部门人员责任不清晰、实际工作“无法可依、无章可循”的局面。

（四）安全投入不足，现场工作条件差

部分企业领导对安全投入认识不足，认为投入和产出不成正比，在现场设备设施上舍不得投入，导致工艺技术装备相对落后，安全防护设施配备不齐全，现场设备“跑、冒、滴、漏”情况比较严重，现场工作条件得不到改善。

（五）安全教育培训不到位，员工安全意识淡薄

水泥企业部分基层员工文化水平比较低，尤其是农民工流动性大、安全知识缺乏。企业对新员工未能执行“三级（厂级、车间级、班组级）”安全教育培训，有些企业即使开展了培训，也基本上是流于形式，不注重培训效果，导致部分员工不具备相应的安全生产知识和操作技能，缺乏自保、互保意识和能力。在作业过程中，“三违”现象也相当严重。据相关统计数据，在生产安全事故中，由人的不安全行为所造成的事故占96%以上，而由新员工造成的就占了其中的20%左右。

（六）安全检查不到位，事故隐患治理不力，事故调查处理不彻底

安全检查是消除事故隐患的重要手段，需要经常性地组织各种形式的安全检查，才能及时发现隐患、落实整改，防止各类事故发生。但是部分企业往往以人手紧张、生产任务重为借口，不组织或者不按时组织安全检查，以致安全隐患不能被及时发现，或对已经排查出的事故隐患因种种原因未能采取有效措施落实整改，最终酿成事故。此外，发生事故后，往往是对一两个人罚款了事，没有严格按照“四不放过”的原则找出事故的真正原因，事故责任分不清甚至不愿分清，真正的事故责任者得不到应有的处理，广大职工也未能从中吸取应有的教训。如此一来，相同或类似的事故常有发生。

二、国外先进水泥企业安全生产现状

水泥装备大型化、生产过程自动化、产品高质量化和功能化是当今水泥工业的特点，清洁生产、生态设计是水泥工业的发展趋势。

发达国家水泥企业普遍公布百万工时伤害频率（Lost-Time Injury Frequency Rate，LTIFR）和万名直接雇员工伤死亡人数。根据水泥可持续倡议组织（CSI）的统计，该组织有全球24家水泥大公司（产量占全球的30%），2010年LTIFR接近3，万名直接雇员工伤死亡人数不足0.7人。根据六大跨国水泥公司2013年发布的可持续发展报告，其2012年职业安全和健康记录中百万工时伤害频率最低的是拉法基公司，LTIFR仅为0.75。

作为全球水泥业的巨头，拉法基集团于1994年进入中国，2005年11月成立拉法基瑞安水泥有限公司，拉法基瑞安水泥有限公司在我国有二十余家水泥工厂，其安全生产管理一直都是行业学习的典范。

在所有企业都以追求规模和效益为最终目标时，拉法基企业的宗旨则是：更安全、更舒适、更美观！当然，国际上也有许多安全管理做得非常好的水泥企业，下面简单介绍拉法基中国水泥工厂的安全管理方法，以供同行业借鉴、学习。

健康和安全是企业的核心价值观和首要任务。在安全管理方面，该公司不仅为员工提供安全和健康的工作环境，而且将员工的健康和安全指标列入绩效管理体系；建立完善的安全文化，使安全成为每个人的职责和生活的一部分，并着重强调公司管理人员在安全上的领导力和带头作用。要做到这一点，高层自己必须接受足够的培训，个人亲自参与，而不是授权他人替代，必须让安全成为领导者的关键业绩。

拉法基中国水泥工厂的安全部门对相关方的管理有一票否决权，也就是说如果安全部门对第三方企业的安全绩效考核不合格，则这家公司是不可能进入其他所有的工厂开展作业。

拉法基中国水泥工厂对于每位新加入的员工和合同方，在入职前都会进行非常全面的岗前培训，以及根据部门和工作特点进行与工种相关的安全培训。培训采用理论与实践相结合的方法，务必让每位员工知道自己的安全责任所在。公司的员工在交接班时，第一件事就是交代安全问题，总结上一班次的安全状况，查找安全隐患并加以排除。

拉法基中国水泥工厂的安全制度并不仅限于该公司员工，还涉及第三方。也就是说，只要在工厂的工作现场，所有人的安全和健康都同等重要，都必须遵循同样的安全标准。他们认为，对合作方的安全管理如有缺失，会破坏工厂原有的安全管理氛围，内外不一的安全管理标准会导致企业员工无所适从或产生抵触情绪。对所有承包商，在其工作的前、中、后都进行严格的工作评估。同时，拉法基会通过不断的培训来提高承包商的安全意识。

在拉法基的中国水泥工厂，如果发生一般的安全事故和险兆事故，哪怕是出现员工划破手指这样的安全事故，都必须在 24 h 内上报到法国总部备案，并向全球的其他工厂通报。“拉法基的文化不是处罚的文化”，他们认为安全问题说到底还是管理的问题，处罚不是合适的手段，更不是目的，更重要的是应该鼓励员工主动汇报事故和险兆，不隐瞒，发现其他员工有安全问题时及时纠正。

对比可见，国内大多数水泥企业在组织结构的设置、安全管理人员的配置、安全教育培训、员工安全意识等方面都和拉法基有一定的差距。虽然现在很多水泥企业都在学习拉法基的安全管理方式方法，不断缩小与之的差距，也取得了一定的成效，但是国内大多数水泥企业的安全管理还只是停留在“口头上重视”阶段，还需要企业的负责人转变管理理念，扭转被动安全的局面。

第二节 事故案例分析与分类方法

一、水泥企业常用事故案例分析方法

目前，水泥企业通常是按照《生产安全事故报告和调查处理条例》（中华人民共和国国务院令 第493号）中事故调查报告的内容来进行事故分析的。事故调查报告一般包括以下几个方面的内容：

（1）事故发生单位概况。

（2）事故发生经过和事故救援情况。

（3）事故造成的人员伤亡和直接经济损失。

（4）事故发生的原因和事故性质。

（5）事故责任的认定以及对事故责任者的处理建议。

（6）事故防范和整改措施等。

事故原因一般包括直接原因和间接原因。有些企业将导致事故发生的管理原因单独分析，即分析直接原因、间接原因和管理原因。

二、水泥企业常用事故案例分类方法

水泥企业一般是按照《企业职工伤亡事故分类》（GB 6441—1986）进行事故分类的。

水泥企业涉及的事故类别一般有：物体打击、车辆伤害、机械伤害、起重伤害、触电、灼烫、火灾、高处坠落、坍塌、锅炉爆炸、容器爆炸、其他爆炸、中毒和窒息及其他伤害等。

三、完整性管理分析介绍

《过程安全事故解析》一书采用完整性管理对事故进行解析，此种方法主要根据生产安全事故的特点，将事故发生前、发生时及发生后整个过程中存在的各种风险因素列出并进行逐一分析，形成一套完整的过程管理链，使读者对事故发生的原因有非常详细和深入的理解。

我们在对事故案例解析时，也借鉴了该分析方法，以加深读者对事故发生原因的理解和对事故经验教训的吸取。完整性管理分析主要从以下几个方面展开描述：

（一）风险评估与管理

对整个生产系统是否进行了风险的辨识、评估和采取控制措施，控制措施是否有效。企业如何对风险进行管理，管理是否到位等。

在开始作业之前，有没有对作业过程中存在的或可能存在的风险进行辨识、评估和采取控制措施，控制措施是否有效。

（二）事故隐患

在事故发生之前、作业过程中，与作业内容有关的人员、设备、安全设施、物料、场所的环境以及公司的管理制度等是否存在隐患，存在的隐患是否引起公司相关人员的注意，并采取措施整改隐患。

（三）变更管理

生产工艺、使用的原燃材料、设备、安全设施、作业过程等是否存在临时或永久性的变更，变更的内容是否进行了审批，是否得到了批准，是否采取了与变更内容相对应的控制和管理措施。

在变更管理过程中，特别需要加强管理的是：

（1）项目变更的必要性（是否需要变更，变更的范围或幅度）。

（2）对变更的控制。

（四）工程授权

作业项目是否获得上级部门或资质部门的授权，作业是否获得许可，是否存在授权不清的情况，作业单位或人员是否有资质或能力开展相关的工作。

（五）设备完整性

分析事故发生前、作业过程中两个时态的设备设施状况。不仅是与作业地点有关的设备设施，还包括与生产有关的所有设备设施是否存在安全隐患。

所有的设备设施应在安全范围内运行，如有超出安全范围的情况，应进行调查和记录，并采取纠正措施。

（六）保护系统

保护系统是指用于预防、探测、控制或减少重大事故危害的安全系统、设施和控制系统，或保护逃生通道和挽救人生命的应急设施。

分析系统中是否设置了安全防护设施，设置的防护设施是否正常工作，作业人员作业时是否配备并正确穿戴了劳动防护用品，是否配备了与危险因素控制措施相对应的应急设施、物资，其是否有效等。

（七）员工能力与操作规程

作业人员是否具有基于工作任务的风险分析、风险评估、变更管理程序，以及应急反应能力。

公司是否制定了各种危险作业的操作规程、岗位安全操作规程，作业人员是否掌握了这种技能，作业过程中作业人员是否能按照操作规程作业，是否存在违章行为。

（八）事故调查

公司或作业人员有没有从类似事故事件中吸取经验教训并应用到实际工作中。通过调查生产过程中的未遂事件和共享调查结果，降低事故事件发生的可能性；找出事故事件发生的真正原因，采取措施来避免类似事故事件的发生。

（九）应急响应

发生事故以后，公司以及现场人员对应急救援工作的开展情况。公司是否制定了应急预案，是否准备了应急物资，应急物资是否有效，现场作业人员是否清楚应急预案的内容，是否具有应急救援能力等。

编制应急方案，对一旦出现紧急情况时人员的行动做出规定，使之有秩序地进行救援，以减少损失。

（十）完整性管理与经验教训的实施

从事故中吸取的经验教训、公司采取的整改措施等，包括政府部门从事故中吸取的经验教训、采取的改进措施等。

在针对某一起具体事故进行完整性管理分析时，只对涉及的某些方面进行分析，如一起事故中可能不存在变更，则不对“变更管理”进行分析。

四、拟采用的事故案例解析方法

由于事故案例解析的主要目的就是探明事故发生的真正原因，所以并没有按照以往的事故分析模式对事故进行解析，只针对事故经过和事故原因进行描述。

对事故案例的解析主要包含以下四个方面内容：

（1）事故经过描述（含事故概述、事故经过描述两部分）。

（2）事故原因分析：直接原因、间接原因、管理原因。

（3）完整性管理分析：对事故发生的原因从完整性管理的各方面进行解析。

（4）“类似性质事故收集、阅读”，不对类似性质的事故做详细解析。

对事故发生前设备设施的状态、人员的行为、发生的过程等进行详细描述，形成完整的事故发生时间链，这对事故原因的分析至关重要。有些企业在总结事故时，对事故发生过程轻描淡写，不利于对事故的学习和分析、还原事故过程。有些企业对事故的处理只停留在追究当事人、相关人员的责任上，而不是全面、周密、客观的分析造成事故发生的环境条件、制度和管理上存在的缺陷，导致采取的整改措施只是“头痛医头、脚痛医脚”，不能从根本上解决问题。

完整性管理分析，不仅是对该次事故进行分析，还涉及企业日常的安全生产管理工作，有助于企业找到问题的根源，从源头解决问题。因此，采用两种事故原因分析方法，从不同的角度分析事故发生的原因，形成对比，有助于读者对事故的解读和对事故经验教训的借鉴。

五、拟采用的事故案例分类方法

综合分析收集到的水泥企业发生的生产安全事故，导致事故发生的直接原因主要有以下几种：

（1）作业人员违章指挥、违章操作、违反劳动纪律。

（2）作业人员对事态发展的趋势判定不准确、未重视事故发生之前的征兆或对事故征兆分析不充分。

（3）作业人员未意识到某种作业行为会带来什么后果，风险分析不清晰、不完善。

（4）作业人员未按照作业许可管理制度开展作业，如有限空间作业未按照“先通风、再检测、后作业”的原则进行，作业过程中存在信息沟通不畅、信息不对称等漏洞。

（5）现场隐患排查不彻底、隐患整改不及时，安全风险辨识不全。

（6）作业人员个人操作技能不娴熟或不具备相应的操作技能。

（7）监护人员或其他作业人员不具备应急救援知识，在出现事故以后盲目施救，反而加重了事故的后果等。

（8）由于某个工艺设计不合理或某种材料不合格，导致作业区域发生安全事故。

此外，水泥企业在施工期间发生安全事故也屡见报道，这与建设单位对相关方的管理有莫大的关系。

《企业职工伤亡事故分类》（GB 6441—1986）中的事故分类方法是按照事故的伤害方式进行的，该分类方法体现不出事故发生的原因。

为了便于读者阅读和突出事故原因，本书事故案例的分类不再依据《企业职工伤亡事故分类》（GB 6441—1986），也不再按照事故后果的严重程度进行分类，而是依据对导致事故发生原因的判断，将事故分为安全风险辨识、知识培训与操作技能、违章和盲目操作、作业许可、变更管理、设计安装与设备材料、相关方管理等七大类别。

第二章　典型事故案例解析

如何提高水泥企业的安全管理水平，不仅是企业安全管理人员要面对的事情，也是摆在政府监管部门、安全技术服务机构面前的一个难题。“前车之鉴，后事之师”，对已经发生的事故案例进行回顾、学习，是一种很好的警示教育，可以使企业管理者和员工从血的事故中吸取教训，得到警示、启示，举一反三，完善防范措施，杜绝类似事故再次发生。

因此，对水泥行业近十几年来发生的事故进行收集，对典型事故案例进行分析，对事故的经验教训进行总结，将对提高行业管理人员安全意识及管理水平有很大帮助。

本部分内容主要是分析水泥行业典型事故案例，并用简单、通俗易懂的语言对事故进行描述，同时借鉴完整性管理分析方法对事故发生前、中、后涉及的人、机、料、法、环等因素中存在的风险进行辨识、分析。

每个事故案例解析后面都附有类似性质的事故，供读者阅读、思考。

第一节　安全风险辨识

安全风险是指发生危险事件或有害暴露的可能性，与随之引发的人身伤害、健康损害或财产损失的严重性的组合。

安全风险辨识是风险管理的第一步，也是风险管理的基础。风险辨识是指在风险事故发生之前，人们运用各种方法系统地、连续地认识所面临的各种风险以及分析风险事故发生的潜在原因。只有在正确识别出自身所面临的风险的基础上，人们才能够主动选择适当的、有效的控制措施来避免事故的发生。安全风险辨识的范围应覆盖企业的所有活动场所及办公区域，并考虑正常、异常和紧急三种状态及过去、现在和将来三种时态，包括多个方面：管理人员、一线操作员工，设备设施、工器具，原材料、半成品、成品，工艺流程，自然及社会环境等。

安全风险辨识的方法很多，基本方法有：询问交谈、现场观察、查阅有关记录、获取外部信息、工作任务分析、安全检查表、危险与可操作性研究、事件树分析、故障树分析等。各种方法都有各自的适用范围或局限性，在辨识过程中使用一种方法往往不能全面地识别其所存在的风险，因此可以综合地运用两种或两种以上方法。

安全风险辨识充分与否决定了企业安全工作绩效的好坏。如果在危险作业过程中发生风险辨识不全的情况，很容易就会导致事故发生。因此，风险辨识和风险评估应该成为企业每位员工培训计划的一部分。

本节就作业前未进行安全风险辨识、辨识不充分或作业人员未意识到身边存在的危险等事故进行解析。

案例 1　生料提升机地坑一氧化碳中毒事故

一、事故经过描述

2002 年 5 月 22 日，苏南某镇一水泥公司生料提升机地坑内发生一起一氧化碳中毒事故，造成 3 人死亡、2 人受伤。

2002 年 5 月 22 日上午 8 时 30 分左右，苏南某镇一水泥公司水泥二分厂烧成车间，因 D450 加料提升机发生故障，当班护机工吴某、郁某、陈某、夏某在工段长黄某的带领下进行现场抢修。经初步分析，是提升机传动三角带断裂后造成的提升堵塞。陈某、吴某处理后，由工段长黄某启动提升机，但仍无法启动，故黄某、吴某、郁某三人下到提升机底部地坑（2700 mm×2700 mm×3600 mm）中。打开提升机底部检修门，发现提升机链被底部落料卡住，随即关机进行清理。待提升机内生料清理干净后，黄某返回地面启动提升机，并通知吴某、郁某将启动提升机。

黄某启动提升机并正常运行后，发现吴某、郁某二人未返回地面（按惯例，当黄某启动提升机时，他们二人应同时返回地面），即下到地坑中寻找二人。黄某见二人已昏倒在地，随即大声疾呼并抱住郁某往上爬。上面监护的陈某、夏某二人听到呼救，迅疾由夏某前去叫电工切断电源，陈某则下到地坑中救人。陈某下到扶梯一半，感到心闷头晕，返回地面大声呼救，后晕倒在地。黄某也因心闷头晕无法自控，即放下郁某自行爬回地面，到地面后即晕倒。熟料工段护机工徐某听到喊叫声立即赶到现场，由于对事故性质缺乏了解，自我保护意识差，未采取有效的防护措施就下到地坑中，造成一氧化碳中毒，晕倒在地坑中。

烧成车间主任周某、副主任吴某和动力科科长张某等闻讯后迅速赶到现场，他们先采取了一系列防护措施，切断提升机电源，加大窑尾排风，翻开地坑上面的铁板（以利于地坑内一氧化碳的排出），戴上口罩（湿毛巾），系上麻绳，下到地坑内营救中毒人员，经过约 15 min 的营救，地坑中三名中毒人员被抢救到地面。此时，水泥二厂副厂长顾某、安保科科长陆某也赶到现场，他们迅速组织人员用汽车将伤员急送苏州市附二医院。11 时，吴某、郁某因中毒太深抢救无效死亡。11 时 30 分，徐某也因抢救无效死亡。黄某、陈某因中毒较轻，抢救人员指挥得当、抢救及时，在医院的全力救治下，脱离生命危险。

事故调查之初，人们对事故发生的原因存在两个疑问：何种原因造成人员死亡？如果是有害气体中毒，有害气体从何而来？在深入调查取证之后，发现该起事故是多重原因、多种因素交织在一起而发生的。通过多次深入事故现场调查，多次事故分析，层层剖析，核对运行记录，并对事故起因进行模拟试验和测试，发现生产系统存在以下几处隐患：

（一）生料小斗称重传感器显示错误

事故发生后，经测试该地坑内存有一定数量的一氧化碳。为查清事故原因，查清一氧化碳的来源，通过多次深入现场，反复对生产设备的各个环节、各种设备的原始状况进行核对，检阅运行记录，并对设备进行模拟试验，发现 D450 提升机下道工序的生料小斗的称重传感器在生料小斗无生料输送时不能正确显示，但运行记录显示工作正常，ϕ300D 电动蝶阀为打开状（此蝶阀主要是控制生料出料量）。

（二）连续阴雨天空气潮湿造成生料粘连

按照生产工艺要求生料小斗内必须保持 50% 以上的生料。由于近期天气异常，阴雨天持续一月之久，空气湿度大，造成生料（粉状）受潮，生料在生料仓内壁结块粘连，在生料仓中心部位形成了一个空洞。

（三）巡检工未及时发现称重传感器不正常

巡检工柳某未及时发现生料小斗称重传感器显示的数据一直没有变化这一不正常情况（如关闭 ϕ300D 电动蝶阀，也不会发生一氧化碳逆流现象）。

（四）窑况变化，煤粉潮湿，窑系统产生大量一氧化碳

巡检工柳某在知道加料提升机有故障的情况下，未能察觉到生料小斗称重数据一直无变化这一不正常情况，从而未能及时停窑，造成窑内工况不稳定。而回转窑的喂煤风机和喷煤燃烧器都一直在正常工作，由于生料入窑量不正常，加之煤粉潮湿又燃烧不充分，因而产生大量一氧化碳，最终导致窑尾一氧化碳浓度升高，并聚集到预热器顶部。

二、事故原因分析

综上，该事故发生的原因如下：

（一）直接原因

事故发生的直接原因是一氧化碳中毒。在没有确认吴某、郁某二人是否从地坑返回地面的情况下，黄某开启提升机，提升机小斗下行时将预热器顶部的一氧化碳带入地坑，致二人中毒窒息。

（二）间接原因

由于天气潮湿导致生料在生料仓内壁黏结成块，造成生料仓中心的空洞，进而导致生料下料的时候无料可下。生料提升机小斗称重传感器显示不正常，在小斗无生料下送时不能正确显示，值班工人误认为生料小斗有生料。

天气潮湿导致煤粉潮湿，加之窑况变化，导致煤粉燃烧时产生大量的一氧化碳，并聚集在生料提升机的顶部。

（三）管理原因

公司在设备巡检管理、安全风险辨识方面存在缺陷，巡检工对设备的巡检不到位，未能及时发现称重传感器存在的问题。提升机地坑为有限空间，员工在开展有限空间作业时未执行作业许可审批制度，未进行风险分析，擅自作业。

公司在应急救援方面对员工的培训不足，员工在突发情况面前不具备应有的救援知识、救援技能，存在盲目施救的情况。

三、完整性管理分析

（一）风险评估与管理

由于之前没有水泥企业类似事故的报道，因此公司员工在作业之前没有按照有限空间的要求对作业场所、作业过程中存在的风险进行分析。中控操作员、现场巡检人员没有发现窑系统产生的大量一氧化碳，提升机作业人员也没有意识到提升机会将预热器顶部的一氧化碳带入地坑，没有采取相应的控制措施。

该事故的发生是在清理作业完成、启动提升机以后，对其他企业有限空间作业的管理有很大的借鉴意义。

（二）事故隐患

天气潮湿致生料黏结、煤粉潮湿，生料提升机小斗称重传感器在小斗内无生料的情况下显示为正常。如果这些问题未被及时发现，而在窑一直正常运转的情况下，除了会造成能源的浪费外还会造成设备设施的损坏。

（三）设备完整性

生料小斗称重传感器在生料小斗无生料下送时不能正确显示，设备出现故障；由于天气潮湿，生料在生料仓内壁黏结成块，造成生料库中心部位形成了一个空洞，不能正常下料，最终导致入窑生料量不正常，造成窑况不稳定。如果员工在巡检时能发现生料小斗称重传感器的故障，则会先处理生料黏结成块的问题，同时会降低煤粉的使用量，则不会产生大量的一氧化碳。

（四）保护系统

首先，在黄某启动提升机时并没有确认吴某、郁某是否从地坑内出来。其次，在提升机底部没有设置急停开关，以至于作业人员无法立即关停提升机，导致地坑内一氧化碳越聚越多。再次，企业没有为员工配备在有限空间作业所必需的防中毒窒息装备，最终导致吴某等三人死亡事故的发生。

（五）员工能力与操作规程

当黄某去启动提升机时，提升机底部地坑内并没有一氧化碳，地坑内的一氧化碳是启动提升机以后由提升机小斗带到地坑内的。吴某、郁某不知出于什么原因没有立即返回地面，才造成两人一氧化碳中毒。黄某违反了启动提升机的安全操作规程。

当徐某到达现场看到有人晕倒，在没有采取任何防护措施的情况下到地坑内救人，盲目施救，造成自己晕倒。说明徐某本人对问题的严重程度没有意识到，也说明公司平时对员工的安全教育不够，对员工的应急救援能力缺乏培训。如果徐某能像烧成车间主任周某、副主任吴某等那样先采取防护措施的话也不会造成自身的伤害。

（六）应急响应

从员工盲目施救可以看出员工的应急救援能力有待提高，公司对员工的安全教育培训、应急知识培训不到位。企业员工在工作的同时，应参加公司组织的安全教育培训、应急预案的演练以及应急救援知识的培训。公司各部门领导应组织员工进行充分的安全风险辨识，并制定相应的控制措施，组织员工开展日常的安全培训，并组织相应的应急演练等。

（七）完整性管理与经验教训的实施

1. 工程技术对策

在生料小斗桶壁增加电磁振打器，在生料提升机顶部设置监控装置，及时发现提升机小斗是否为空以弥补生料小斗秤不准确的情况；在提升机的头部、尾部设置急停装置；针对可能产生的一氧化碳倒流现象，在窑尾管道、生料提升机地坑内设置一氧化碳监测报警装置，使之与提升机联动；定期对生料小斗称重传感器进行校验，出现故障及时更换；在生料提升机地坑入口处设置职业病危害警示标识；配备相应的应急物资，如防毒面具、隔绝式呼吸防护用品等。

2. 安全教育对策

加强安全风险辨识的培训，使作业人员具有一定的风险辨识、评估和采取控制措施的能力。开展事故回顾、学习，提高员工的安全意识和安全技能。

3. 安全管理对策

按照《工贸企业有限空间作业安全管理与监督暂行规定》（国家安全生产监督管理总局令　第59号）的相关要求建立有限空间作业的管理制度和操作规程，建立有限空间管理台账，明确有限空间作业程序，按照作业程序及操作规程严格作业。有限空间作业人员必须严格遵守公司的管理制度、工作程序，作业之前必须进行风险分析，并采取相应的防护措施；作业部门负责人应组织安排作业前的培训工作。

成立专兼职的应急救援队伍，并加强日常训练。制定中毒窒息现场处置方案，并组织员工开展应急演练，提高员工的应急救援能力。

检修作业时应对作业场所的电源箱、控制箱等实施挂牌上锁，实现“一人一锁一能量”，真正做到员工的生命掌握在自己手中。

四、类似性质事故收集、阅读

（一）水泥磨机主减速器联轴器旋转卷人事故

广东某水泥企业 2 号水泥磨大修后，重新加钢球试机。凌晨 1 时重新开机后，因辅传装置出现故障电机跳停，并伴有机械摩擦异响声。由于异响声时间短暂，不能判断是主减速机还是辅传减速机出故障，岗位工钟某联系中控室通知电工办好停电手续，并上报工程师周某。

工程师周某开始查找故障原因，在检查过程中发现抱闸装置抱不紧，就对其做了调整，然后叫岗位工钟某用手盘动主减速机检查是否有卡死现象。主减速机可以盘动后，周某计划单独盘动辅传减速机以查找故障，就松开抱闸，然后开始拆除主减速机与辅传装置的联轴器螺栓，但上、下两颗定位销顶不出。于是周某通知机修工王某，王某在上定位销端焊了一个耳环，利用撬棍很顺利将定位销拆出来。在拆下定位销时，发现下定位销端部露出太短，无法采用上述方法拔出。周某自己强行用加力杆扭出螺栓。3 时 30 分在螺栓扭出的瞬间，主减速机输入端的联轴器突然旋转，挂住周某的衣服，将其摔倒在平台上，周某的安全帽破裂，颅脑及双臂严重受伤。120 急救车赶到现场将周某送到医院后经抢救无效死亡。水泥磨主减速机平台如图 2-1 所示。主减速机与辅传联轴器如图 2-2 所示。

图 2-1 水泥磨主减速机平台

图 2-2 主减速机与辅传联轴器

事后分析，磨机停机后抱闸未松开到位，磨机内料面不平衡，当最后一根定位螺栓拧出后，重力作用使磨机转动，导致主减速机输入端的联轴器高速旋转，挂住周某的衣服，将其摔倒。

（二）木炭取暖致一氧化碳中毒事故

2008 年 1 月 5 日 8 时 40 分左右，湖南某水泥公司发生一起中毒窒息事故，造成 1 人死亡。

2008 年 1 月 5 日 0 点，余某到调度室接班，值班班长谢某对其安排当班工作，主要是处理主减速机油站及 2 号磨辊油站卫生。由于工作量较大，谢某安排余某带领王某、楚某、何某等 3 人一起作业。余某等 4 人接到任务后就到作业地点工作去了。

1 时 55 分，谢某准备安排余某去补冷却池的水（每个夜班都要补），就用对讲机呼叫余某，余某未应答，便改用手机拨打余某的手机，但是无人接听。谢某就安排中控室的周某去补水，自己则去作业现场寻找余某。谢某向各岗位人员打听余某的去向，都说没有见到余某。

3 时 8 分谢某又去作业现场找岗位人员打听余某的去向，回答还是没有见到他。谢某在作业地点未找到余某，便来到 2 号磨机主收尘器尚未交付使用的休息室门前，发现门被锁打不开，便绕到休息室的后面，想通过窗户爬进去，但窗户被扣，进不去，里面又没有灯，什么也看不清。谢某又来到门前，用力敲门，无人答应，此时谢某怀疑余某到外面睡觉去了。

8 时碰头会开完后，谢某仍未见到余某，便把情况向生产部部长卫某反映，卫某听后就和谢某、现场管理员罗某、白班接班人张某等人一起去现场找人。8 时 40 分找到 2 号磨机主收尘器二楼休息室，张某从休息室后面透过窗户玻璃发现屋内靠墙壁好像有一个人。谢某将门踢开，闻到屋内有一股浓浓的煤气味，发现余某坐在地上，背靠墙壁，其胸前有一废油漆桶，桶内尚有零星的木炭火，旁边有一盛木炭的蛇皮袋。见余某没有反应，张某、罗某立即将窗户打开，谢某和张某将余某抬至室外走廊进行人工呼吸，同时叫白班值班班长蔡某用手机拨打当地医院的急救电话。

9 时许，120 急救车赶到事故现场并进行抢救，抢救到 10 时，公司决定将余某送到市人民医院继续抢救。11 时 30 分，余某因抢救无效死亡。

案例 2 粉煤灰库提升机地坑潜水泵检修触电事故

一、事故经过描述

2006 年 8 月 9 日，某水泥厂制造分厂水泥粉磨工段粉煤灰库提升机地坑潜水泵检修过程中发生事故，1 人触电死亡。

因连续下雨，制造分厂水泥粉磨工段粉煤灰库提升机地坑积水。粉磨工段巡检工鲍某接班后于 16 时 10 分把 1 号提升机地坑潜水泵移至 2 号库底排水，17 时到地坑巡检时发现潜水泵不出水，便电话通知电工班班长罗某。17 时 20 分左右，鲍某把潜水泵提到库底地面，罗某和电工史某、申某对潜水泵表面进行检查没有发现问题。罗某安排史某、申某留在现场观察，他和巡检工鲍某去值班室合闸。罗某用手机联系史某，经史某确认后送电。因史某一只手摸着潜水泵，一条腿接触护栏的铁管，形成通路使人体触电。发现史某触电后，罗某立即断电。经医护人员现场全力急救后，史某于 19 时 10 分死亡。

经过对水泵的解体，发现水泵定子内大量积水，上端盖定子连接部分的密封圈断开，接头处仅用万能胶黏结。经调查，在此之前委托单位对该水泵进行维护保养时，已发现密封圈断开，但委托单位未更换密封圈，只采用万能胶进行简单的黏结，为事故的发生埋下了隐患。另外，2 号粉煤灰库底临时排水没有敷设专用电源线路，更没有装漏电保护装置，长期使用非正规的临时接线。

二、事故原因分析

（一）直接原因

在没有找到水泵不工作的具体原因的情况下，在明知道要给水泵送电的情况下，史某仍一只手触摸潜在危险物潜水泵（220V、750W），一条腿接触护栏的铁管，导致触电死亡。

（二）间接原因

对潜水泵的维修，不是用仪表测量的方式进行，而是用通电的方法检验，涉嫌违章操作；给水泵通电之前，现场作业人员并没有对存在的安全风险进行辨识，没有采取控制措施；委托单位对水泵维护保养不到位，使得潜水泵发生故障；2 号粉煤灰库底临时排水没有敷设专用电源线路，没有装设漏电保护装置，长期使用非正规的临时接线；在史某与罗某进行送电确认时，和史某一起留在现场的申某没有对史某不正确的站立姿势进行提醒。

（三）管理原因

该起事故中所涉及的所有操作人员均存在违章操作行为，公司在员工违章行为管理方面存在严重的漏洞。作业人员并没有进行作业前的安全风险辨识、风险评估等工作，一方面是由于作业人员忽略或忘记，另一方面是公司的管理制度缺失，对员工的培训不足，员工具备的安全知识甚少。另外，在鲍某发现水泵不出水的时候仅仅用电话通知电工班班长罗某后，便开始水泵的检查作业，既没有向相关领导汇报，也没有办理相应的停送电作业手续，属于严重违章操作。

另外，在委托单位对水泵维护保养后，公司相关的部门或人员并没有对该水泵进行验收便投入使用，说明公司在设备管理方面存在漏洞。从事故描述可以看出，该水泥公司粉煤灰地坑存在经常性的积水作业，所用潜水泵接线没有按照《低压配电设计规范》（GB 50054—2011）的要求设置漏电保护装置，也反映了公司的安全管理缺陷。

此外，粉煤灰库提升机地坑的积水，才是该次事故发生的根源所在，消除积水才能从根本上解决问题。

三、完整性管理分析

（一）风险评估与管理

在日常安全管理中，该水泥厂针对电气设备维修作业开展过风险评估，也制定了针对性的防护措施。但是，该起事故中的相关员工在作业之前，没有针对该次作业进行具体的风险评估，更没有采取任何的安全措施，反映出公司的日常安全管理松懈，缺乏监督。

在给水泵送电时，史某采取不正确的站立姿势，反映出他对带电设备的危害认识不足，也反映出公司在用电安全方面的培训缺乏。

（二）设备完整性

潜水泵密封圈断裂，委托单位没有更换新的密封圈，而是采用万能胶黏结断开处，导致水泵定子内大量积水，破坏了设备的完整性，进而引起了史某等人的检修作业行为和史某的死亡。

粉煤灰库提升机地坑的积水是如何造成的，什么原因导致了地坑的积水，这才是该次事故发生的根源。

（三）保护系统

2 号粉煤灰库底临时排水长期使用非正规的临时接线方式，没有装漏电保护装置，致使漏电事故的发生。

史某没有佩戴绝缘手套，劳动保护装备佩戴不齐全。

（四）员工能力与操作规程

员工在进行潜水泵维修的时候，没有按操作规程作业，对可能带电设备没有采取仪表操作而是采用通电检测，属于严重违章行为。史某则更是完全没有意识到潜水泵可能存在绝缘破损、通电后存在触电的风险，直接用手接触水泵，并且一条腿接触护栏的铁管形成通路，使人体触电。史某作为电工，严重缺乏对触电风险的警惕，在工作中存在不安全行为。

该水泥厂制定了电气设备维修作业的相关安全管理制度、规程，但并不具体，没有专门针对水泵维护保养、停送电审批流程提出具体要求，不能够为员工作业提供有效指导。

（五）完整性管理与经验教训的实施

1. 工程技术对策

查找粉煤灰库提升机地坑有积水的原因，并排查公司所有的地坑，采取整改措施杜绝地坑有积水的现象再次发生，从根本上解决问题。

对公司所有临时用电电源和水泵电源开关进行梳理，对临时用电线路加设带剩余电流保护断路器（图 2-3）。

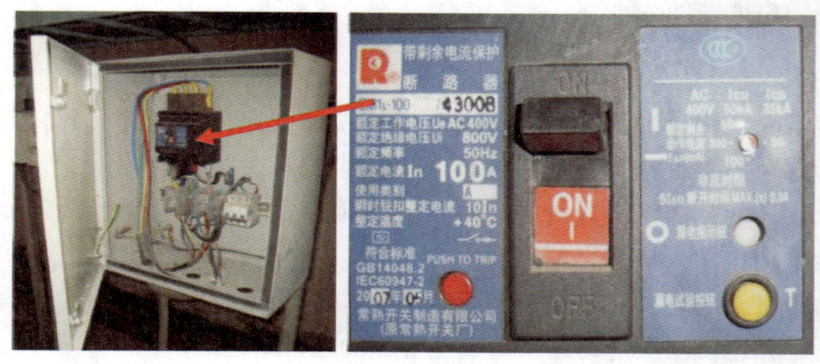

图 2-3 临时用电电源控制箱

将水泵电源开关改造为带漏电保护装置的开关（图 2-4），保证出现漏电或其他问题时能自动跳闸断电。加强对水泵的管理，积水坑配齐抽水泵，减少水泵的移动，同时对水泵进行技术改造（图 2-5）。改造自动抽水装置，确保自动抽水装置稳定运行，减少人员对水泵的接触。

图 2-4 将普通开关改为带漏电保护装置的开关

图 2-5 技术改造后的水泵

2. 安全教育对策

加强员工电气安全知识和安全意识培训，使员工了解触电事故发生机制及预防措施；开展电气设备触电事故案例的学习，提高员工对电气检（维）修作业风险的警惕性。

提升对员工的安全风险辨识能力，对各种危险作业加强管理。针对员工的违章行为，各级领导、员工应相互监督、相互帮助。公司应加强对违章行为的管理，对违章行为采取劝导、说服、教育等手段，达到杜绝员工违章的目的。

3. 安全管理对策

对于临时用电线路，应验收合格后再使用。对规章制度、规程等进行细化，明确停、送电作业审批流程。

加强对公司委托单位的管理，对维修单位的资质进行验证，并对相关证书、文件复印备案，杜绝委托给没有资质的单位。

提高设备的维修质量，严把各种设备的维修验收关，建立设备委托维修联系函，明确设备维修的相关技术要求和验收责任人。

四、类似性质事故收集、阅读

（一）电收尘器内触电事故

2006 年 2 月 9 日 13 时 30 分，某水泥厂制造分厂收尘班班长洪某组织本班姚某、电气工段江某对 1537 号电收尘器 2 号电场振打杆进行处理。按停送电规定办理了停电手续后，班长洪某安排姚某在绝缘子室外盘振打电机，电工段江某负责停电和停电后的静电接地，洪某负责进入绝缘子室处理振打杆螺栓。洪某在处理过程中发现螺帽与螺杆不配套，于是离开绝缘子室寻找螺帽。14 时左右，突然听见绝缘子室内传来一声尖叫，洪某与正在附近点检的汪某一起通过人孔门查看室内，发现姚某触及 3 号电场绝缘子阴极支撑座，衣服被烧焦。现场人员立即对 3 号电场停电，将姚某救出，送公司医务室进行抢救，同时紧急联系当地镇医院和市医院医生前来抢救。经两个小时的全力抢救，姚某医治无效死亡。

该公司在处理 2 号电场振打杆前，未对电场高压系统全部断电，致使 3 号电场绝缘子仍然带电，导致收尘班员工姚某被 3 号电场绝缘子室高压电击中死亡。

制造分厂在日常安全管理中，对公司制度和分厂安全操作规程贯彻执行不严，办理停送电不彻底；对在线设备临时处理项目和高危作业安全监控不到位，岗位安全责任制落实不到位；对员工业务知识培训和安全教育不够，致使姚某本人对电场高压电气设备性能未能全部了解和掌握。

（二）防护栏杆焊接开裂致高处坠落事故

某公司管道作业区有 10 t 和 30 t 两台行车。2011 年 10 月 4 日 11 时 5 分左右，因 10 t 行车电路出现故障，挡住了 30 t 行车行走路线。30 t 行车操作工孙某头戴安全帽走下行车，到灌浆区平台中部 11 号坑顶部平台上向有关人员询问是否能启动 30 t 行车进行吊管作业。11 号坑位是正准备安装 DN2000 mm 模具的坑位，当时坑内只安装了 DN2000 mm 模具的底模，其他配套工装还未就位，平台距坑底高度约 5 m。孙某在和其他人员商讨时，身体背对 11 号坑位，靠在坑边一侧安全护栏上，安全护栏在其身体推力作用下突然开焊，孙某身体失去平衡随防护栏杆一同坠落模具坑内。孙某虽然戴着安全帽，安全帽在坠落时也没有脱落，但由于头部撞到模具的金属底模，造成颅脑损伤，经医治无效死亡。

（三）电缆盘侧翻挤压事故

2010 年 5 月 11 日，某水泥厂供应处发生一起员工因电缆盘侧翻挤压导致工亡的安全事故。因前期公司驻地连续刮风下雨，盖在钢材堆场电缆盘上的篷布被吹掉，为了防止电缆被暴晒，供应处副处长丁某于 5 月 11 日 14 时电话通知仓库保管员陈某安排人员将电缆盘篷布重新盖好。仓库保管员陈某在接到电话后，联系正在过磅的仓库保管员刘某和供应处新进人员郑某一起去搭盖篷布。

14 时 40 分左右，仓库保管员刘某赶到钢材堆场外，与仓库保管员陈某、郑某一起进入钢材堆场开始给电缆搭盖篷布。在给一个 1×300 的电缆盘搭盖篷布时，刘某站在电缆盘的外侧，郑某站在两个电缆盘之间，陈某站在电缆盘对面，三人成三角形将篷布盖上大电缆盘。因为 1×300 的电缆盘较高（约 2 m），篷布在盖好一半后，准备从另一 3×240 的电缆盘上将铺在地上的篷布拉上电缆盘，刘某转到 3×240 的电缆盘外侧，郑某继续站在两个电缆盘中间，陈某站在对面，三人依然成三角形开始将篷布往电缆盘上拉。

14 时 45 分左右在篷布拉拽到一半时，因拉拽高度不够，郑某就爬上 1×300 的电缆盘，爬至一半时电缆盘出现侧翻，郑某头部受电缆盘撞击并被挤压在两个电缆盘之间。陈某立即电话向副处长丁某报告，正在附近开会的矿山分厂员工得知后也立即赶来施救，同时刘某通知当地人民医院 120 急救中心。15 时左右，救护车赶到现场，在现场进行急救后，郑某被送至当地人民医院，经全力抢救无效于 15 时 30 分死亡。

案例 3　装船机皮带尾轮滚筒机械伤害事故

一、事故经过描述

2010 年 5 月 25 日凌晨 0 时 13 分，某水泥厂新线装船机发生安全事故，一名员工被卷入装船机皮带尾轮滚筒，因失血过多抢救无效身亡。

2010 年 5 月 24 日 23 时 33 分，某水泥厂 2 号码头装船机操作员曹某在装江夏 3 号船（吨位为 12060 t）熟料时精力不集中，装船机溜筒提升不及时，导致整个溜筒堵满料，从而导致装船机皮带尾部积料压死。码头值班班长组织人员现场清料，直至夜班积料未清理结束。中夜班交接班后，由夜班值班班长操某组织当班巡检工许某及夜班装船机操作员吕某继续清料，中班操作员曹某因是自己导致装船机皮带压死，要求主动协助夜班清料。曹某通知夜班操作员吕某到装船机电力室对皮带进行故障排除复位，备妥后电话通知他。吕某将装船机皮带处理备妥后，进入装船机操作室并两次电话通知曹某已开启皮带（第一次电话未接通）。由于皮带缺少声光报警装置，曹某并不清楚皮带具体何时开启。

25 日 0 时 13 分夜班装船机操作员吕某将装船机皮带点动，这时由于装船机皮带尾部作业空间狭窄，曹某正站在皮带上，皮带启动后打滑松弛，随即曹某的右腿滑入皮带尾轮滚筒。操某发现后立即将其抱住防止整个人被带入，并让许某通知停机（皮带没有拉绳开关）。将人拖出后，操某立即向分厂及公司相关领导汇报，并拨打 120 急救电话。公司领导、生产安全处和水泥分厂相关人员第一时间赶赴现场，立即组织将曹某送至当地县人民医院抢救。由于失血过多，2 时左右曹某经抢救无效死亡。事故发生地点如图 2-6 所示。人员坠落被皮带绞伤位置如图 2-7 所示。

图 2-6 事故发生地点

图 2-7 人员坠落被皮带绞伤位置

据悉，该水泥厂所属集团公司曾多次发生皮带机伤人事故，但该水泥厂没有引起高度重视，没有及时对皮带进行全面检查与整改。

二、事故原因分析

（一）直接原因

该起事故的直接原因有两个：一是中班装船机操作员曹某作业位置不正确，站在皮带上作业；二是夜班装船机操作员吕某在与曹某电话联系过程中，没有得到明确的开机答复，也没有对皮带现场情况进行确认，就将装船机皮带点动开启。

（二）间接原因

中班装船机操作员曹某在装大船过程中精力不集中，装船机溜筒提升不及时，导致整个溜筒堵满料，将装船机皮带尾部积料压死，必须人工进行清料；装船机皮带拉绳开关、急停开关等保护设施不齐全，且存在装船机皮带尾部作业空间狭小等设计缺陷，事故发生后不能及时停止设备，不能够顺利地开展救援，导致事态进一步扩大。

（三）管理原因

曹某在操作过程中精力不集中导致装船机皮带尾部积料压死，在清料过程中站在皮带上方；夜班装船机操作员吕某开机确认不到位，员工的通信器材配备不到位，作业人员之间信息沟通不畅；公司对员工的加班情况缺乏管理，加班随意性比较强，曹某申请自愿加班，由于连续工作两个班次，身体疲惫也是造成事故的原因之一。这些都表明该水泥厂日常安全管理较为松懈，员工对公司下发的各种规章制度和设备安全操作规程贯彻执行不力，公司对员工岗位安全操作技能培训教育不够，导致员工的安全意识不强，存在不安全行为。

该水泥厂没有充分吸取其他公司曾经发生的多起皮带机伤人事故的经验教训，没有及时地对所有皮带进行全面检查与整改，导致皮带拉绳开关、急停开关、声光报警器等防护装置不齐全。

三、完整性管理分析

（一）风险评估与管理

该水泥厂风险辨识不到位，皮带机尾部作业空间布局不合理，防护装置不齐全；曹某在明知道要开皮带机的情况下仍然站在皮带上作业，说明公司对员工的安全培训不足，员工没有足够的安全防护意识，作业前没有开展风险评估。

风险评估是预防事故的基础工作。没有完善的风险评估程序，风险管控措施往往也是不全面甚至完全缺失的。

（二）事故隐患

该水泥厂对皮带的日常检查与维护不到位，皮带安全防护设施不齐全，为生产安全埋下了隐患。

（三）设备完整性

由于该水泥厂装船皮带机没有安装声光报警装置，设备缺少完整性，致使曹某并不清楚皮带机的具体开启时间，没能及时地脱离危险部位，导致了事故的发生。

声光报警装置的作用是发出设备启动报警信号，提醒设备周围人员安全站位，是保护员工人身安全的重要装置。虽然声光报警装置并不属于皮带机自身的部件，但它属于皮带的防护装置，是与皮带机配套使用的，从这个意义上来讲，声光报警器是确保皮带完整性的重要因素。

从某种程度上讲，设备设施的不完善也是导致事态扩大的原因之一。

（四）保护系统

拉绳开关或急停开关是作业人员在皮带机出现故障或事故时的一种急停装置。发生事故处的皮带机没有安装拉绳开关或急停开关，导致操某发现曹某的右腿滑入皮带尾轮滚筒后只能让许某通知操作员停机，而不是自己先停机再救人。如果皮带机安装了拉绳开关或急停开关，就能够在发现事故后迅速停机，减小人员受伤程度。

另外，曹某明知要开启皮带的情况下仍然站在皮带上作业，也没有采取防护措施，致使自己从皮带机上跌落被卷入皮带尾轮滚筒。

（五）员工能力与操作规程

曹某在装船时精力不集中，在通知吕某开启皮带后仍站在皮带上，都表明曹某对风险的辨识能力差，执行《装船皮带机安全操作规程》不到位，这与公司的日常安全培训不足是分不开的。

吕某在既没有得到现场人员确认也没有进行检查的情况下，就将装船机皮带点动开启，严重违反《装船皮带机安全操作规程》。

（六）事故调查

该水泥厂所属集团公司曾多次发生皮带机伤人事故，但该水泥厂没有引起高度重视，没有及时对皮带进行全面检查与整改，这也说明该公司的主要负责人及安全管理人员在安全管理方面存在侥幸心理，对安全生产工作极不重视。

（七）完整性管理与经验教训的实施

1. 工程技术对策

对装船机存在的安全隐患进行整改，配齐拉绳开关、急停开关、声光报警器等安全防护装置；对装船机溜筒进行改造，当作业人员没有及时提升溜筒时确保其可以自动停机，杜绝因堵料而进行清料作业。

2. 安全教育对策

开展《装船皮带机安全操作规程》的培训与考核，确保员工掌握必要的安全技能、具备较强的安全意识后方可上岗；开展皮带机伤人事故案例的学习，通过案例提高员工对皮带机检（维）修作业风险和管控措施的认识。

3. 安全管理对策

强化安全管理部门的安全管理责任，加强现场安全隐患检查和整改落实工作，定期组织开展安全管理制度规程的执行情况检查，严肃查处岗位违章行为；深入现场，加强危险作业的安全监管，认真查找人的不安全行为和物的不安全状态，及时消除现场安全隐患。

对员工的加班情况进行管理，必要时可以申请加班，但必须由部门负责人审批，防止员工过度疲劳而造成伤害。

对该企业、其他企业发生的事故进行回顾学习，将从事故中吸取的经验教训应用到企业的安全管理中。

四、类似性质事故收集、阅读

（一）违规操作致皮带滚筒绞人事故

2007 年 9 月 16 日 15 时 30 分左右，某水泥厂一线供料巡检工刘某通知二三线供料巡检工齐某和铁粉取料机岗位工沈某取一线铁粉。中途 3 号皮带堵料跳停一次，现场巡检工王某、二三线磨巡检组组长孙某和一线供料巡检工刘某共同清通皮带恢复运行。16 时 50 分左右停止取铁粉，改取三线铁矿石。17 时 50 分左右，所有取料停止作业。

18 时 5 分左右，中控室操作员汪某发现 3 号皮带跳停，随即电话通知现场巡检工刘某，但此时刘某手机无人接听，汪某立即通知现场巡检王某前去检查。18 时 15 分左右，王某至 3 号皮带尾部发现刘某右胳膊卡在 3 号皮带尾部改向滚筒与返程皮带之间，且头部安全帽挤破，此时现场巡检工齐某也从 2 号皮带赶到现场，立即向生产调度室、工段、分厂及公司领导汇报。公司立即组织现场人员切断皮带抬出刘某，送医院抢救，最终经抢救无效死亡。事故发生现场 3 号皮带尾部如图 2-8 所示。受害人被绞入的位置如图 2-9 所示。

（二）堆料机输送平台作业坠落伤害事故

2012 年 12 月 7 日上午，某水泥厂烧成一车间副主任安排石灰石堆料工王某、邵某一起到堆料机上装挡料板。二人带着工具顺着取料机的直梯爬上堆料输送皮带机东侧走廊，8 时 10 分左右，王某从停机的堆料机皮带上翻越到对面西侧走廊，在下皮带机的过程中，脚下打滑失去重心，顺着走廊防护栏杆空隙处滑下坠落地面，造成右胫腓骨、右足跟骨骨折。伤者滑出的位置如图 2-10 和图 2-11 所示。

图 2-8　事故发生现场3号皮带尾部

图 2-9　受害人被绞入的位置

图 2-10　石灰石堆棚内伤者滑出的位置

图 2-11 伤者滑出的位置

案例 4 装载机铲斗失压车辆伤害事故

一、事故经过描述

2016 年 7 月 26 日 16 时 20 分，某水泥公司制造分厂发生一起车辆伤害事故，造成 1 人死亡。

2016 年 7 月 26 日下午上班后，制造分厂现场管理员侯某安排装载机司机胡某清理堆场熟料，胡某驾驶装载机清理至 15 时左右，胡某向现场管理员侯某报告他所驾驶的型号为 ZL50C 的装载机液压油管漏油。随后胡某便将装载机开至熟料堆场南侧空地，并将装载机铲斗升起后熄火。之后胡某找到当时正在辊压机平台作业的焊工柳某，要求柳某对装载机铲斗液压油管漏油处进行焊接，但柳某告诉胡某装载机液压油管不能带油带压焊接。随后胡某拿着扳手进入铲斗下方，对装载机漏油的液压油管进行拆卸，目的是将拆下的油管拿到车间内焊接。

大约 16 时 20 分，在拆卸过程中，油管内液压油大量泄漏，导致装载机铲斗液压失压，铲斗突然降落，胡某躲闪不及被压在铲斗下。

事故发生后，现场从事其他作业的人员王某、靳某、李某等听到呼救声后，奔向事发地点进行紧急施救。大约 16 时 23 分，众人将胡某从装载机铲斗下救出，并拨打了 120 急救电话；大约 16 时 33 分，急救人员赶到现场对胡某进行血压、心电图等检查后，确认已死亡。

二、事故原因分析

（一）直接原因

胡某未认识到维修作业中存在的安全风险，在装载机熄火后铲斗未落地的状态下，未采取任何安全防护措施，冒险违章（违反《装载机安全操作规程》）进入铲斗下对装载机液压油管进行拆卸，导致液压油大量泄漏，致使装载机铲斗液压失压，铲斗突然落下，胡某被降落的铲斗砸伤致死。

（二）间接原因

公司隐患排查、治理不彻底，装载机液压油管长时间漏油，未引起制造分厂相关人员的重视，没有及时进行维修；制造分厂现场管理员侯某对装载机司机缺乏现场管理，尤其是对胡某报告的装载机液压油管漏油的情况未向厂长汇报，也未及时发现制止胡某的违章操作行为；制造分厂专职安全员未认真履行安全员监督检查职责，未对装载机液压油管漏油隐患进行监督整改，没有及时发现制止胡某的违章操作行为。

（三）管理原因

公司开展装载机操作岗位安全风险辨识、风险评估工作不扎实，未辨识出液压油管漏油的风险，未提出车辆伤害风险管控措施；公司检（维）修制度不完善，没有指定专人负责装载机的检（维）修管理。

三、完整性管理分析

（一）风险评估与管理

胡某将装载机停在空地，并将装载机铲斗升起后熄火。装载机铲斗升起后由于自身的重量，在液压油管失压时会突然下落，因此装载机熄火后一定要将铲斗平放在地面，并向下施加压力。

企业在开展风险辨识时未辨识出该风险，对驾驶员的不安全行为也习以为常。由此可见，该水泥公司的安全生产管理不到位。

（二）工程授权

驾驶员胡某并没有获得维修液压油管漏油的授权，属于违章操作。现场管理人员对胡某的行为置之不理，没有尽到监管职责。

（三）员工能力与操作规程

装载机司机胡某自 1991 年 12 月参加工作以来，一直从事装载机驾驶工作，可见其驾驶经验比较丰富，但是对装载机各部位存在的风险却认识不足，说明公司对员工的安全培训、作业风险辨识培训欠缺。

（四）完整性管理与经验教训的实施

1. 工程技术对策

设置专门的机动车辆维修车间，或与第三方公司签订机动车辆检（维）修合同，委托其他机构开展专业的机动车辆检（维）修工作。

2. 安全教育对策

对员工开展隐患排查、风险辨识等相关培训工作，增强员工风险辨识、风险防护的能力。员工培训不能仅仅停留在口头上、纸面上，应体现在实际行动中，杜绝侥幸心理。

3. 安全管理对策

公司应完善装载机等小型设备及非生产线上设备的检（维）修和保养制度，对装载机进行保养检修时，必须安排 2 人以上配合作业，并制定安全防范措施；公司要认真开展岗位风险辨识，切实加强对设备设施检修作业的风险辨识，有针对性地制定安全防范措施；公司要认真开展隐患排查治理，加强对各类作业场所的安全检查及现场管理，消除各类隐患和违章行为。

四、类似性质事故收集、阅读

（一）彩钢板锈蚀严重致高处坠落事故

2016 年 1 月 13 日 8 时，重庆某水泥厂电工冯某与学徒王某上班后，准备铺设视频监控线。因水泥厂磨机控制室的进相器坏了，生产厂长汪某安排二人检修进相器。冯某、王某和车间主任谢某三人 11 时 40 分左右将进相器修好后下班。下午冯某独自一人去铺设视频监控线。大约 14 时 30 分，冯某从水泥厂进料车间的彩钢棚（年久失修锈蚀严重）上经过，彩钢棚不能承受冯某重量，产生了直径约 0.8 m 的窟窿，冯某从窟窿处坠落地面。

水泥厂兼职安全员程某经过进料车间大门时，看到地上躺着一人，脸上有血，叫工人章某去看，章某去看后大喊："快点，冯某受伤了！"程某立即电话向汪某报告，章某拨打 120 急救电话，汪某等人也立即赶到现场，大约过了 10 分钟，120 急救车赶到，医护人员对冯某进行现场急救后送重庆某医院抢救。15 时 10 分，冯某因抢救无效死亡。

（二）铁板平台锈蚀严重致高处坠落事故

2014 年 9 月 9 日 8 时 20 分左右，江西某水泥公司发生一起高处坠落死亡事故，造成 1 人死亡。

2014 年 9 月 9 日 8 时 20 分左右，刘某在水泥公司正常上班，巡查余热发电设备（巡查设备是刘某工作职责之一）。当巡查至窑尾锅炉拉链机平台时（平台距地面高 7~8 m），踩踏通过平台的铁板，因铁板严重锈蚀，致使刘某从铁板脱落的孔洞落下摔到地面高温风机水泥台边上。

事故发生后，现场岗位工程某发现高温风机边摔下一个人就报告水泥生产车间主任叶某，叶某立即打电话向机电车间主任姜某报告（因刘某的人事关系属于机电车间管理）。姜某赶到事故现场看到刘某躺在地上不动了，地面也有很多血，就拨打120急救电话，同时打电话向公司安全管理兼烧成车间安全负责人揭某报告，揭某迅速赶到事故现场进行应急处理。

9日8时40分左右，县人民医院急救车赶到事故现场，经医护人员确认刘某已瞳孔放大、无生命体征，宣布死亡。

第二节　知识培训与操作技能

国家安全生产监督管理总局专门针对企业安全培训出台的部门规章，如《生产经营单位安全培训规定》（国家安全生产监督管理总局令第3号）、《特种作业人员安全技术培训考核管理规定》（国家安全生产监督管理总局令第30号）、《安全生产培训管理办法》（国家安全生产监督管理总局令第44号）等都对企业的安全生产培训做出了规定。

知识培训是水泥企业每一位员工都必须经历和接受的，是每一位员工的权利，也是义务。安全知识和安全技能的培训对每一位员工来说尤为重要。当然，企业仅提供教育和培训是不够的，还需要采取措施以确保这些安全知识和技能被员工掌握并应用到日常工作中。考察和检查员工的知识、检查工作场所的活动并不是为了限制他们的工作，而是确保这些知识和技能能正确发挥作用，并使员工能采取一些必要措施来防止危险情况的发生。

很多时候可以通过给员工施加压力来实现安全知识和技能在工作中的正确运用，特别是那些可能在团队中起到带头作用的新员工。如果新员工能感受到团队的组织严格、文化积极，那么他们就会适应这种氛围并形成良好的工作习惯，否则会变得松懈而导致事故的发生。

操作技能的培养一般通过岗位安全操作规程来实现，但是总会有一些作业人员因为不遵守操作规程而导致事故的发生。操作规程是非常重要的文件，需要有一定经验的人来编写并尽量保证能够面面俱到。另外，还需要对培训过的操作人员进行测试，以确保其掌握了必备的知识。如操作规程发生变更，则需要进行全面审查，同时通知操作及相关人员并对其进行再次培训。所有的管理人员、监督人员及操作人员都应该接受教育和培训，以了解不遵守既定的安全操作规程将带来的后果。

在当今水泥企业的生产活动中，现场操作人员越来越全面化、综合化，有的时候不仅仅是在领导的指导下完成本岗位的工作，还需要参与到与之相关的其他岗位作业中，甚至还要参与到公司各种制度、决策的制定中。然而，要达到这种目的的前提就是进行适当的教育和培训，以提升个人操作能力。

本章介绍的几起事故，均是由于人们未意识到或不清楚他们的所作所为会造成什么后果，或是员工在作业过程中未执行相关的操作规程造成的。造成这种后果的原因不外乎是公司对作业人员的培训不足导致其知识缺乏、盲目自满、自以为是、缺乏对真实情况的认知等。

案例 1　水泥窑内煤粉燃爆冲击伤人事故

一、事故经过描述

2016 年 5 月 3 日某水泥企业停窑定检。14 时 40 分左右，在标定头煤转子秤时，秤内残留煤粉被吹入窑内，引发窑内煤粉燃爆事故。燃爆事故导致正在篦冷机一段清理积料的张某和正在篦冷机检修门处监护的褚某两人烫伤和冲击刮伤。

5 月 3 日上午 11 时，该水泥企业烧成车间副主管孙某安排维修工杨某测量煤磨转子秤间隙，杨某测量后将数据报给孙某，孙某说头秤正常不需调整，于是杨某调整了尾秤间隙。

3 日 13 时左右，孙某安排杨某找电工标秤，杨某给其车间主管姬某请示让姬某联系电工，姬某给电气主管陆某打电话让其安排电工来标秤，同时姬某安排岗位工王某和杨某一起配合电工标秤。14 时左右电工郝某到现场，与杨某、王某一起先标尾秤，王某用对讲机联系中控操作员先把尾秤打到现场位，然后开动尾秤风机，郝某标秤时发现标定数值较大，需进一步调整尾秤间隙，于是停尾秤、停风机，由杨某继续调整尾秤间隙。

3 日 14 时 20 分，电工孙某也来到现场帮忙标秤，于是在杨某继续调整尾秤的同时，郝某、孙某、王某开始标定头秤。14 时 37 分，电工孙某通知中控操作员宋某将头秤打至现场位，手动开启头秤，然后郝某与孙某让王某联系中控室操作员开动头秤风机，以进行动态标秤。王某向正在窑头平台施工的车间主管姬某请示能否开启头秤风机，姬某同意后，14 时 39 分王某联系中控操作员宋某将头秤风机开启。

与此同时，按照车间班前会安排，烧成车间员工张某自 13 时起就在篦冷机一段清积料，褚某在检修门外监护。而整个标秤过程中，无人通知篦冷机内清积料施工人员撤出。14 时 39 分窑内发生燃爆而产生较大冲击力，冲击波将正在篦冷机一段施工的张某推到篦冷机二段料堆处，张某凭双手摸着篦冷机内壁逃出篦冷机导致双手被烫伤，正在篦冷机检修门监护的褚某受冲击波冲击，身体撞断护栏坠落地面被刮伤。

二、事故原因分析

（一）直接原因

电工孙某在标秤时未按操作规程进行，本应先开风机，拉一段时间风，再手动开启转子秤，他却先手动开启头秤，然后通知中控操作员开头秤风机，导致残留煤粉被集中打入窑内而燃爆。

作业人员中，无人意识到窑内温度仍很高，残留煤粉被吹进窑内会燃爆；无人意识到开启头、尾秤风机会给有关联的现场作业人员造成伤害或工作不便，故无人通知关联现场的作业人员撤至安全地点。

（二）间接原因

中控操作员在停窑时未将头秤拉空便停秤，而中控操作员安全知识不足，未意识到在窑内温度很高的情况下开启煤粉头秤风机会导致煤粉在窑内燃爆。

烧成车间负责人没有将篦冷机内的作业情况告知安全生产管理部门和中控室，安全生产管理部门未能统一协调现场作业。

（三）管理原因

因是临时停窑抢修，所以该次标秤无检修计划、无危险因素分析、无安全措施，更未指定安全负责人及技术负责人。现场管理存在多头指挥、无人尽责、管理混乱、协调不力的问题，导致人人都指挥、人人管不细。

该水泥厂在头煤转子秤标定时，所有指令均由口头发出，未执行固定的、专门的签字程序，导致相关操作人员、受影响的作业人员对作业信息缺乏全面的掌握。

安全管理部门对现场的作业未进行统一管理，没有将现场正在进行的作业告知中控操作员，导致信息不对称。

三、完整性管理分析

（一）风险评估与管理

煤粉秤的标定工作是稳定水泥热工制度的关键，对窑系统的生产来说至关重要。这项工作对于电工、煤粉秤岗位工来说属于常规性工作。由于该水泥厂在设计阶段、生产阶段以及该次作业前均未对煤粉秤标定作业进行系统、全面的风险评估，使得相关作业人员虽然经常开展此项工作，但对作业过程中伴随的风险并没有清晰的认识。

（二）事故隐患

燃烧、爆炸的三个基本条件是：可燃物、氧化剂（助燃物）、温度（引火源）。本次事故中可燃物是转子秤在风机作用下输送进窑的煤粉，氧化剂（助燃物）是窑内的氧气，温度（引火源）是停窑后窑内残留的高温。中控操作员未将转子秤煤粉排空，导致转子秤上有煤粉残留，为作业安全埋下了隐患。转子秤开启后，煤粉堆积在下料管道，风机开启后在短时间内将煤粉集中喷入窑内，在窑内高温的作用下，遇氧气发生了燃爆。

中控操作员安全知识缺乏、对操作所造成的风险认识不足、现场作业信息的不对称等隐患最终导致了事故的发生。

（三）工程授权

在该次作业过程中，没有指定安全负责人及技术负责人，作业人员职责不明确，出现了多头指挥的现象，车间主管姬某、副主管孙某均对作业部分过程进行了指挥与安排，且两人均不在作业现场。姬某、孙某两人关于作业的所有指令均是口头下发，没有书面的签字确认和授权，这就导致所有作业人员对检修作业没有全面的认识。

（四）员工能力与操作规程

中控操作员宋某缺乏必要的安全知识和安全意识，对在煤粉秤上残留煤粉、窑内温度仍然较高的情况下开启风机可能导致的后果认识不到位，没有意识到煤粉集中打入窑内可能发生燃爆现象。

同时，电工在标秤时未按操作规程进行操作，将开启风机拉风、开启转子秤的先后顺序颠倒，错过了将残留煤粉逐步喷入窑内避免或减少事故后果的机会。

（五）完整性管理与经验教训的实施

该次事故的发生暴露了企业管理人员和员工安全知识缺乏、思想麻痹、风险分析不充分、程序不健全、相关单位安全教育培训落实不到位等问题。针对事故原因，应采取以下改进措施：

1. 工程技术措施

煤粉转子秤标定前排空秤上的煤粉，待窑内温度下降至煤粉燃点以下后方可进行标定。

作业人员远距离沟通时应使用对讲机，所有作业人员的对讲机应打到同一频道，确保信息准确共享。

2. 安全教育措施

针对该次事故就“风险分析”及“开停机程序”开展一次安全教育和培训，对相关安全管理制度、操作规程进行学习。

3. 安全管理措施

标定转子秤必须有详细的检修计划，严格按照操作规程操作，先开风机再手动开启转子秤。

制定检修期间开停设备、调试设备、校定设备的固定程序表格，检修工作必须在中控、调度、安全、现场等相关责任人共同签字确认安全后方能实施。

每次检（维）修必须确定总协调人，由总协调人统一协调、指挥检（维）修工作。必须确定安全总负责人及各施工现场安全负责人。

对现场所有的危险作业，各个作业部门都应告知安全生产管理部门和中控操作员，加大对现场作业的统一管理、统一协调力度。

四、类似性质事故收集、阅读

（一）煤磨电收尘器煤粉爆燃事件

2006年冬季，连续的雨雪天气造成某水泥厂露天堆场的原煤等物料潮湿。由于原煤潮湿，煤磨台产大幅下降，煤粉仓内料位较低，为避免停窑，管理人员和操作人员主观上想尽快将煤粉仓加满后再停机处理。

该水泥厂煤磨电收尘器为二电场四灰斗结构。在发生事故前，第一电场工作正常，第二电场因结露造成灰斗堵塞。当灰斗出现堵塞时，入煤粉仓的煤粉量将大幅减少，煤粉仓的孔深变化较大。根据煤粉仓的孔深异常变化，很容易判断煤磨电收尘器灰斗是否阻塞。

随着灰斗的阻塞，煤磨系统进入恶性循环状态，给煤粉在灰斗内进一步积聚创造了条件。在电收尘器第二电场灰斗内煤粉积聚到一定程度后，开始对电收尘器的运行造成影响，电收尘器第二电场的二次电压下降，出口粉尘排放增加。如果此时停机处理，事故还是可以避免的。但是管理人员对发生燃爆事故的可能性和严重性认识不足，继续开机生产。

当中控操作员发现煤磨电收尘器第二电场电压较低时，随即安排停机检查。检修人员打开煤磨电收尘器检查门，发现电场内煤粉已经燃烧、出现大量的烟雾、灰斗内表层煤粉有火星且温度较高，随后组织人员进行事故善后处理工作并做好停窑准备工作。

事故发生后，企业立即对煤磨系统停机，停止煤磨电收尘器风机，关闭煤磨电收尘器检查门。由于着火面积小，不需要开启二氧化碳灭火系统。开通排灰通道，将电收尘器灰斗下的螺旋输送机反转，使得电收尘器灰斗内的煤粉从排灰通道排放到磨房外，同时用消防水带对排出着火煤粉及时进行喷水灭火防止其二次燃烧，直到灰斗内的煤粉排完。与此同时，检查煤粉仓情况。由于煤粉仓没有着火，要求尽快将煤粉仓内煤粉用完，并做好停窑的准备工作。对于排出的煤粉除现场喷水灭火外，还派人值班看护，防止死灰复燃。在生产正常后，组织人员清理煤粉并打扫现场环境。

该起事故不仅造成停窑 31 小时、损失煤粉 20 多吨，而且造成严重的环境污染。

（二）煤粉爆燃伤人事故

2005 年 2 月 17 日 20 时 2 分，某公司回转窑窑头输送煤粉的科里奥利秤跳闸，有关人员立刻到现场查看并进行处理。现场经过反复盘动煤粉秤给料机，给料机的转子只能在小范围内转动。直到 2 月 18 日凌晨 1 时许，科里奥利秤一直没有处理好。现场技术人员判定秤内有大的异物将煤粉秤卡死，请示制造部领导研究后，决定先将煤粉仓内煤粉放出，然后拆开科里奥利秤取出异物。当时中控室显示煤粉仓的温度为 32 ℃，煤粉重量为 32 t。

从凌晨 1 时到 4 时 30 分，相关人员一直在做准备工作。先在煤粉仓下接一溜槽，然后关闭煤粉仓下手动闸板（手动闸板已坏，无法关闭），准备把煤粉输送到封闭的煤磨房外面，用立磨排渣围好。4 时 35 分开始从煤粉仓向煤磨房外放煤粉，开始煤粉下料量很小，5 时左右因调整了煤粉仓锥体风，致使煤粉放出量突然加大，大量煤粉粉尘在封闭的煤磨房内发生煤粉爆燃。在场作业的三名员工当场烧伤，幸好躲避及时，才没有发生更严重的后果。

事后发现是一个螺旋输送机轴穿钉卡在煤粉秤给料机内，造成科里奥利秤煤粉止料并跳闸。事故造成两台煤粉科里奥利秤、煤磨液压站的两台控制柜、整个煤磨系统电缆、四条 200 m 光纤损坏或报废，三名员工烧伤。事后分析，起火原因是煤粉仓中死角煤粉自燃，形成炭火，在煤粉放出瞬间引燃煤粉。

在操作放煤的过程中，由于现场相关人员经验不足，强行操作锥体风，造成风量过大，煤粉仓内的煤粉瞬间由 32 t 减少到 16 t，煤粉放出量过大造成煤磨房内煤粉粉尘含量升高，导致爆燃。窑头煤粉科里奥利秤被螺旋输送机轴穿钉卡住后，造成煤粉秤跳停。而煤粉仓下检修闸板关闭不严，只能将煤粉仓内煤粉放空后才能处理卡在煤粉秤喂料机里的异物。现场工作人员在明知闸板关不上的情况下，没有意识到放煤粉作业存在的危险性，没有采取必要的安全措施。

案例 2　氨水闪爆事故

一、事故经过描述

2015 年 5 月 22 日 6 时 17 分 50 秒，某水泥厂 3 号生产线分解炉氨水闪爆，导致 3 号窑重约 6 t 的两扇窑门平直飞出导致多处设备受损，由于事发现场没有人员，所幸无人员受伤。

当地环保局对企业的 NO_X 排放要求是 400 mg/m³，该水泥厂为确保 NO_X 排放量达标，正常氨水使用量为 0.3 m³/h（中控室显示值）。5 月 22 日 4 时 26 分左右，该水泥厂 3 号窑 NO_X 的排放量达到了 500 mg/m³，氨水的使用量增加到 0.9 m³/h（中控室显示值），直到 4 时 47 分，3 号窑 NO_X 的排放量没有明显下降。4 时 47 分中控操作员将 3 号窑氨水的使用量增加到 1.3 m³/h（中控室显示值），至 4 时 48 分 3 号窑 NO_X 的排放量降低到 250 mg/m³。4 时 48 分至 6 时 17 分，3 号窑氨水的使用量一直保持在 1.3 m³/h（中控室显示值）。6 时 17 分时，3 号窑窑内重压导致窑门和分解炉顶部检修门被推开，其中一扇门飞出 20 余米，另一扇门飞出卡在余热发电窑头锅炉与喷煤管之间；喷煤管后退约 5 m，送煤管道折断移位；分解炉鹅颈管顶部部分浇注料迸出；3 号生产线从窑系统至生料制备和废气处理系统全部出现正压冒尘。该事故引发次生事故。喷煤管送煤管道折断引起煤粉大量外泄，受窑头高温气体喷出影响，煤粉被引爆，但爆炸威力有限，现场没有遭到破坏。据目击者反映，窑头出现类似蘑菇状烟尘。

事故发生时，3 号窑喂料量为 380 t/h，窑头喂煤量为 9 t/h，窑尾喂煤量为 15 t/h，二次风温 1050 ℃左右，分解炉温度在 880 ℃，游离氧化钙浓度正常。通过对数据的分析，排除了 3 号窑因煤粉不完全燃烧而产生一氧化碳爆炸的可能性。

3 号生产线采用选择性非催化还原（SNCR）脱硝技术，分解炉共安装了 12 支氨水喷枪，采用压力高于 5 kg 以上的压缩空气进行雾化，通过实验脱硝效果，选择使用 9 支氨水喷枪。事故发生时 3 号、4 号、5 号氨水喷枪没有使用，氨水喷枪伸进分解炉内长度为 60～80 cm。事故发生后，经检查，7 号氨水喷枪喷头损坏，形成直喷现象，造成大量氨逃逸，雾化效果降低，影响了脱硝效率。

SNCR 的脱硝原理是氨水在雾化状态下，与预热器系统排放的废气中的 NO_X 反应，生成氮气和水，其反应原理是：$4NH_3+6NO \longrightarrow 5N_2+6H_2O$（在 927～1093 ℃ 的条件下）。

该反应在 950 ℃时达到最好效果，但是在超过 1093 ℃时，氨水的脱硝效果下降，产生如下反应：$4NH_3+5O_2 \longrightarrow 4NO+6H_2O$。

通过 SNCR 的脱硝原理可以得出，要想达到良好的脱硝效果，必须做到以下几点：

（1）保证氨水喷枪完好无损、压缩空气压力正常，确保良好的雾化效果。

（2）选择最佳的喷枪位置，确保氨水能够在分解炉内的合适温度范围内产生最佳的脱硝效果，减少氨逃逸量。

（3）分解炉的温度控制要适宜，严禁出现高温，防止喷入的氨水生成氮氧化物。

查阅该水泥厂委托某工程咨询有限公司编制的《烟气脱硝工程可行性研究报告》及该水泥厂编制的《2014年省级大气污染防治项目资金申报材料》，关于 NH_3 具有以下描述：

"氨气，熔点-77.7 ℃，沸点-33.35 ℃，自燃点651.11 ℃；氨蒸汽与空气混合物爆炸极限16%~20%（最易引燃浓度17%）；遇热、明火难以点燃而危险性较低；但氨和空气混合物达到上述浓度范围遇明火会燃烧和爆炸，如有油类或其他可燃物质存在，则危险性更高。"

从上述描述来看，氨气在分解炉内只要达到爆炸浓度，就具有极大的爆炸可能性。

该水泥厂对3号窑的氨水使用量有初步计算：在采用20%浓度的氨水时，氨水的使用量为0.44 t/h。

该水泥厂3号生产线5000 t/d熟料生产线烟气脱硝项目由山东省某环保公司上海分公司（资质良好）负责安装和使用维护知识的培训，在脱硝系统运行前，该水泥厂的有关人员已经接受了上海分公司的培训，并进行了考试。在事故发生后，调查组查阅相关培训资料发现，上海分公司仅对氨水罐及氨水在使用过程中发生泄漏时应注意的安全事项及应急操作进行了培训，并没有对氨水在喷入分解炉后的生产使用过程中的安全注意事项进行培训。上海分公司配合事件调查时，也并不知晓氨水在喷入分解炉后的生产使用过程中会产生爆炸。

二、事故原因分析

（一）直接原因

3号生产线氨水使用设计量为"在采用20%浓度的氨水时，氨水的使用量为0.44 t/h（约0.48 m^3/h）"，但事故发生前近两个小时内氨水的实际使用量在0.9 m^3/h以上，最后一个多小时的使用量更是达到了1.3 m^3/h，导致大量氨逃逸，废气中的氨气浓度超标，满足了氨气的闪爆条件，造成了氨气在水泥窑内发生闪爆，闪爆产生的冲击波导致窑门和分解炉顶部检修门被推开事故。

（二）间接原因

7号氨水喷枪喷头损坏，形成直喷现象，雾化效果降低，大量氨气逃逸，影响脱硝效率，导致 NO_X 排放超标。中控操作员对脱硝知识掌握不足，未判断出 NO_X 排放超标原因，没有为巡检工提供检查氨水喷枪喷头的作业要求。

因 NO_X 排放超标，所以中控操作员被迫加大了氨水的使用量，而中控操作员对氨水逃逸的危害认识不足，不知道一旦氨水用量过大，与 NO_X 排放量比例失调，就会造成大量氨气逃逸，从而造成闪爆的可能。

因此，7号氨水喷枪喷头损坏、中控操作员违规增加氨水使用量是事故的间接原因。

（三）管理原因

该起事故的管理原因是多方面的，包括对设备设施检查不到位，没有及时发现7号氨水喷枪喷头损坏；未针对氨水使用制定明确的操作规程等。从根本上来讲，这些都是由于相关单位和人员对氨水使用量和风险的认识不足或描述不清导致的。

该水泥厂委托某工程咨询有限公司编制的《烟气脱硝工程可行性研究报告》对氨气爆炸只进行了理论上的描述，没有提出明确的防范措施，进而无法为设备安装、操作提供指导。

脱硝项目由山东省某环保公司上海分公司负责安装和生产前的培训，但由于上海分公司并不知晓氨水在喷入分解炉后的生产使用过程中会产生爆炸，因此也未对氨水在喷入分解炉后的生产使用过程中的安全注意事项进行培训。

水泥厂编制的《2014年省级大气污染防治项目资金申报材料》对氨水使用量做出了设计和要求，但并没有真正理解这样设计的原因，也没有据此编制操作规程和要求，导致在实际操作中偏离了设计方案。

三、完整性管理分析

（一）风险评估与管理

该水泥厂委托的某工程咨询有限公司在编制《烟气脱硝工程可行性研究报告》时，没有对项目进行完整的风险评估与管理，未提出管控分解炉内氨水爆炸风险的具体措施；该水泥厂也没有对氨水使用量进行科学的管理。

（二）设备完整性

氨水喷枪的喷头在正常情况下应当是将氨水以雾状形式喷入分解炉，从而使氨水与NO_X充分反应。7号氨水喷枪喷头损坏破坏了设备的完整性，使氨水形成直喷现象，大量氨气逃逸，与氧气发生反应导致爆炸。

（三）保护系统

中控操作系统的应用可大大降低作业人员的劳动强度，同时也能够通过设置自动联锁、限定某些数值等为系统提供保护。由于相关人员对氨水使用及风险的认识不到位，没有在中控系统中限定氨水的最大喷入量，使得保护系统失效。

（四）员工能力与操作规程

据统计分析表明，造成员工不安全行为（操作失误等）的原因很多，包括有意识的和无意识的。有意识的不安全行为（操作失误等）的主要原因是麻痹大意、侥幸心理、经验主义等；无意识的不安全行为（操作失误等）的主要原因是安全知识缺乏、信息掌握不全面等。

在该次事故中，中控操作员操作失误的主要原因是没有接受相关知识的培训，对操作安全要求不熟悉；企业未制定具体的安全操作规程，不能为操作提供有效指导等。

(五) 完整性管理与经验教训的实施

1. 工程技术对策

应根据 NO_X 的排放浓度，计算合适的氨水使用量，并在中控系统中限定氨水最大喷入量；氨水的喷入量设定值要与窑中控喂料量联锁，当喂料量为 0 时，氨水的喷入量也要为 0；标定氨水流量计，确保中控室显示值和实际使用量一致。

当 NO_X 的浓度增加时，氨水的使用量增加梯度在 0.2 m^3/h 为宜，不要一次增加过多的氨水使用量。同时要密切观察 NO_X 的浓度变化，当 NO_X 的浓度变化不大时，要通知巡检工检查喷枪喷头，调整喷枪喷射位置，确保氨水的雾化效果。

窑系统要保证负压操作，当系统出现正压时，应立即停止氨水的喷入；要保证窑系统温度及压力的稳定，防止系统出现高温，影响脱硝效果。

采用 SNCR 脱硝技术的企业必须加装氨气逃逸监测报警装置，及时检测脱硝效果，并监测氨气的浓度在安全范围内。氨气、空气混合模式下，氨气的体积比浓度不宜大于 7%，氨气的体积比浓度大于 12% 时，系统应能自动切断氨水供给。

2. 安全教育对策

开展脱硝系统工艺安全管理培训，详细讲解氨水的特性、化学反应原理、存在的风险及管控措施等。

对影响脱硝效果的因素进行学习，提高设备故障判断和检查能力。

3. 安全管理对策

制定《脱硝系统安全操作规程》，明确意外事件（NO_X 排放超标等）汇报、处置流程，对氨水使用量做出明确规定。

加强与脱硝系统设计单位、安装单位的沟通与联系，对于没有足够经验和技能解决的设备故障、工艺问题等，及时向设计单位、安装单位咨询。

加强对现场生产设备设施的巡检力度，发现设备设施损坏应及时修复或更换。

四、类似性质事故收集、阅读

(一) 提升机减速机逆止器端盖碎裂飞出伤人事故

2009 年 2 月 12 日 13 时 30 分，某水泥厂入均化库提升机发生压料，主传动和辅助传动电机都开不起来，冯某等 6 人到提升机头部检查。在检查液力耦合器时，发现电机部分转动轻松，减速机一侧不动。技术部门认为提升机斗内的积料太多，要求车间清料，但车间副主任冯某怀疑是提升机逆止器有故障。冯某让其他三人将减速机油放出部分后，拆开减速机逆止器端盖螺栓。

14 时 20 分逆止器紧固螺栓松动到最后两根时，提升机突然倒转飞车，逆止器端盖、辅助传动电机风扇叶及防护罩碎裂飞出，造成腾某腰部擦伤，钟某肺部挫伤、出血，涂某右眼重伤、小腿胫骨骨折。

车间副主任冯某对设备结构、性能并不熟悉，无端怀疑技术部门的结论，擅自指挥对逆止器进行拆卸检查；在检查时认为逆止器外圈在减速机壳体内，错误地决定打开逆止器端盖，且未采取固定、锁死提升机运动部件的措施，逆止器外圈失去固定后逆止器失效，导致提升机在重力作用下倒转飞车。

（二）窑内煤粉爆燃伤人事故

某水泥厂一次风机电机轴承突发故障，迫使系统紧急停车。为消除因四通道喷煤枪火焰形状异常而引发的窑胴体一挡轮带及 14 m 左右处局部温度超高和窑头排风机振动日趋加大的隐患，经协商，决定将计划次日进行的 16 h 定检提前进行。

2007 年 8 月 8 日，中班员工按计划初步完成了四通道喷煤管更换工作，夜班接班后，当班班长李某带领 7 名员工在窑头平台进行三通道喷煤管 3 个接头安装的扫尾工作。凌晨 1 时 37 分左右，窑内突然发生爆燃，造成窑头罩顶盖局部被掀开、窑门错开移位，巡检工邵某、吴某和班长李某三人不同程度受伤。

分析发现，由于系统紧急止料停机，煤粉仓底部闸板至转子秤之间管道内充满了煤粉，仪表工在夜班校窑尾转子秤时，向窑分解炉内喷入了一定量煤粉（约 400 kg），因分解炉内温度较低（仪表显示 201 ℃），达不到煤粉完全燃烧所需要的温度（400 ℃以上），煤粉与氧气发生氧化反应，导致一氧化碳浓度急剧升高引起爆燃。气体在瞬间膨胀，夹杂着部分粉尘和熟料颗粒向阻力较低的方向运动，冲击窑头罩最薄弱处，造成窑头罩部分设施损坏。

又因为是紧急停窑，窑系统启动了保温措施，窑头排风机和高温风机都在较短时间内停机，造成整个系统温度比较高，系统通风较差。窑尾煤转子秤的罗茨风机一直开机，给分解炉内带来了大量的氧气。而窑系统一次风机因为电机故障，煤粉仓管道内煤粉无法及时排空，为校秤留下隐患。

案例 3　操作不当引起的车辆伤害事故

一、事故经过描述

2014 年 3 月 30 日凌晨 1 时 30 分许，浙江某水泥公司厂区道路发生一起车辆伤害事故，造成1人死亡。

事故发生的地点在该水泥公司南面的厂区道路上。该道路呈南北走向，路面宽7 m，路面上没有画人行道等交通标线、没有设置限速标志、路口处没有安装减速带和设置安全警示标志，转弯处也未安装转弯广角镜等设施。路面东侧是水泥磨厂房，西侧是中控楼。中控楼底下有一条东西走向、长30 m、宽4.6 m的弄堂通道。该弄堂通道是化验员从化验室到水泥磨取样的必经之路。弄堂通道口距水泥磨厂房门口36 m。在弄堂通道口及水泥磨厂房门口各有2盏照明灯，照明正常。弄堂通道口北向9.5 m处有一摊血迹和一个被压扁的取样盒，取样盒内装有成品水泥粉末，12 m处停放着一辆龙工机械制造有限公司制造的轮胎式装载机（铲车），车头朝北、车尾朝南，车的两侧后视镜镜面上积满了一层牢固的粉尘污垢，前照灯照明正常。

2014年3月30日凌晨1时30分许，水泥公司装载机（铲车）驾驶员徐某驾驶装载机从煤库的作业区里出来，在公司厂区车道上由南向北行驶，打算把装载机停在机修室门口再回到宿舍休息。当时铲斗升至1 m多高。徐某驾驶装载机向北行驶过程中，发现前方水泥磨厂房门口（道路东侧）北侧停放着一辆拉矿粉的罐式水泥散装车，该车车身长19 m、宽2.25 m，占据将近一半的路面，于是徐某就向路面的西侧打方向靠道路西侧向前行驶。当车辆从煤库里出来进入车道后行驶了约70 m（中控楼与水泥磨厂房之间）时，装载机的铲斗撞倒了横穿车道的化验员吴某。徐某发觉碰撞后采取紧急刹车措施，但为时已晚，倒地的吴某的头、颈、胸部被铲斗撞击致颅脑损伤、颈椎离断，引起急性脑功能、呼吸循环功能衰竭，当场死亡。事故现场示意图如图2-12所示。

二、事故原因分析

综上所述，这是一起由于驾驶员操作不当导致的安全事故。

（一）直接原因

装载机（铲车）驾驶员徐某驾驶车辆时不注意确认前方道路情况，在行驶过程中将铲斗升至1 m多高，导致铲车前方出现视觉盲区，因而应见而未见行人吴某。

化验员吴某安全意识淡薄，在横穿厂区车道时不注意来往车辆，也是造成这起事故的直接原因之一。

（二）间接原因

水泥公司安全生产主体责任落实不到位，没有依法履行好安全生产保障职责。安全生产管理不到位，现场安全巡视和班、组一级的现场管理松懈，忽视安全防范工作。

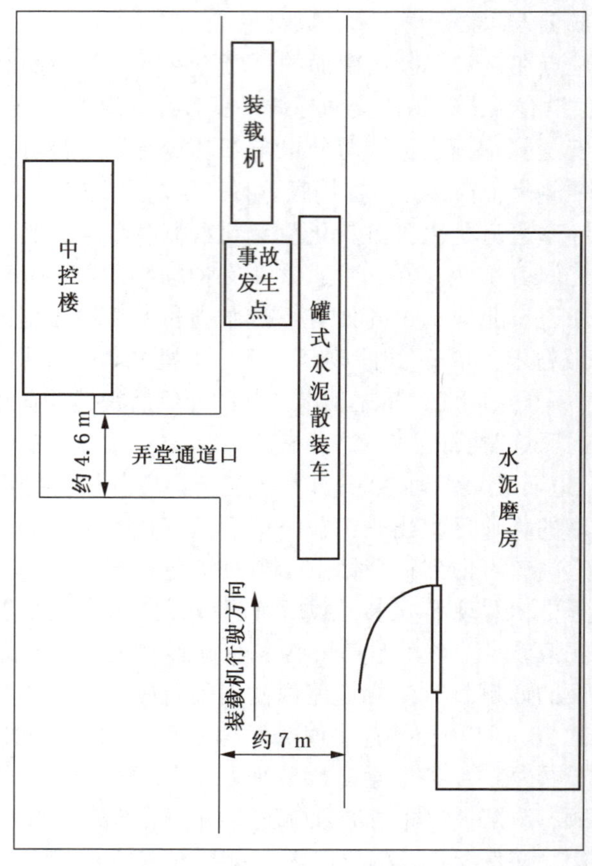

图 2-12 事故现场示意图

水泥公司对作业场区安全秩序管理重视不够，标志、标线尤其是作业现场人车行走路线不分，在人行交叉路口没有设置限速标志、没有安装减速带和设置安全警示标志。

（三）管理原因

公司对职工的安全教育培训不到位，导致企业职工安全意识淡薄，在对行车、行走路线未进行安全确认的情况下贸然驾车前行、横穿车道。虽然制定了一些内部管理制度，但在管理制度执行方面落实不到位，教育不严格，对厂内车辆停放管理欠缺，对没有定点停放的车辆无人监管。

三、完整性管理分析

（一）事故隐患

铲车车斗离地 1 m 多高，造成了铲车前方的视觉盲区。道路狭窄、交叉路口未设置减速带、道路未设置限速标志和警示标志、盲目横穿车道、狭窄道路停放罐式水泥散装车等诸多隐患导致了事故的发生。

铲车在行驶过程中宜将铲斗提升离地0.5 m。

（二）设备完整性

道路两侧未设置人行道，也未画斑马线，道路上未设置减速带、限速标志、警示标志等安全设施，装载机未设置夜间行车警示灯。

（三）员工能力与操作规程

驾驶员徐某在行车过程中未遵守装载机的安全操作规程，化验员吴某在横穿道路时未注意行驶的车辆，这或许与夜间上班人员疲惫有关。

（四）完整性管理与经验教训的实施

1. 工程技术对策

设置人行道，画斑马线等交通标线；在中控楼底通道与路面交叉的路口设置警示灯、警示标志、标线，距交叉路口一定距离设置限速标志和安全警示标志、安装减速带，转弯处安装转弯广角镜等；给厂内机动车特别是夜间作业车辆加装声光警示装置、倒车报警装置；在特定区域严格限制车辆行驶速度。

2. 安全教育对策

对驾驶员进行驾驶技能培训，如防御性驾驶，并对驾驶员的驾驶技能进行考核，不合格者调离岗位；组织驾驶员参加与驾驶车辆有关的应急演练，提高驾驶员的应急处理能力；组织驾驶员观看、学习其他企业的交通事故案例，深化驾驶员对交通事故的认知，增强驾驶员的安全意识。

及时了解和掌握员工思想动态，定期进行培训，如安全风险辨识、风险评估、隐患排查培训等，不断提高员工综合素质，确保企业员工具有对安全隐患和风险的判断识别能力，从本质上增强作业人员的安全意识。

3. 安全管理对策

落实安全生产责任制，完善《装载机安全操作规程》，对驾驶员进行培训、考核，并保证所有驾驶员熟练掌握。

对进入厂内的机动车辆设置专门的停车区域，严禁在非停车区域长时间停留车辆。

对厂内车辆进行风险评估，对相关风险控制等提出具体要求。加强对作业人员违章行为的管理，杜绝违章操作。调整夜间化验室取样人员的配置，严禁夜间1人单独作业。

四、类似性质事故收集、阅读

2015年2月9日9时35分左右，制造分厂供料工段长徐某早会安排工段维修工方某和巡检工李某、姚某参加斗式提升机胶带更换前的料斗拆除工作，并做了安全交底。

因2月8日斗式提升机拆除部分料斗后存在一侧偏重而缓慢自转的问题，为确保料斗拆除作业安全，采用钢钩从斗式提升机尾轮回程检查门一端钩住返程料斗，一端钩住临时固定在检查门上的钢管以固定胶带。姚某即被安排在该处用钢钩固定胶带配合检修，作业前维修工方某向姚某交代了操作要点并做了示范。

由于对胶带缓慢自转存在的风险未引起足够的重视，9时50分左右，当姚某在钩第二只料斗时右手未及时从所执钢钩中撤出，被钢钩挤压在钢管上。事故发生后，供料工段长徐某立即将姚某送往医院并向分厂做了汇报。经医院诊断，姚某右手小指第一关节毁损伤、右环指挫裂伤。

第三节　违章和盲目操作

为加强安全生产管理工作，降低安全事故的发生率，提高作业人员的操作技能，企业一般都制定了各种安全管理制度、岗位安全操作规程等，但是作业人员在作业时并没有按照管理制度或操作规程来作业。产生这种现象的原因可能是：作业人员嫌麻烦，犯经验主义错误；公司对管理制度、操作规程的宣贯、培训力度不够，以及公司的安全监管力度不够。

“违章指挥、违章操作、违反劳动纪律”，也就是我们通常所说的“三违”，在水泥企业尤其是中小企业较为普遍，其发生的事故也多与“三违”行为有关。当然，作业时保持沟通通畅也相当重要，不光是作业人员之间的，也是安全管理部门、中控操作部门与现场作业人员之间的。如果沟通不畅或不到位、信息不对称，则可能导致不可想象的后果。因此，为作业人员配备通信器材如对讲机等显得尤为重要。

本节主要分析因操作者不清楚自身所处状况而盲目操作或违章操作导致的事故。这些事故产生的原因，可概括为“作业人员盲目操作、违章操作，作业人员之间沟通不畅、信息处理欠妥”等。

案例1　违章操作致机械伤害事故

一、事故经过描述

2008年1月7日，某水泥公司在拆除连接窑门和窑口的钢件廊道的连接螺栓时，发生一起机械伤害事故，造成1人受伤。

2008年1月7日凌晨5时左右，某公司设备部维修工段值班副段长涂某安排班组成员阮某、韦某、梁某等12人到一号生产线窑头拆除喷煤管的风管和煤管万向节，以及吊装连接窑门和窑口的钢件廊道（检修桥架）。

所要吊装的钢件廊道为窑内检修时的人员、材料和拆砖机进出窑内作业的必经通道。钢件廊道宽1.5 m、长8.5 m、重约3.5 t，由两节组成，中间用螺栓（上部2颗、下部7颗）连接。在吊装钢件廊道时，由于廊道较长，而窑口平台空间有限，需分段进行吊装。当日在吊装作业时，第一道作业程序是：先用汽车吊将钢件廊道整体吊到窑头平台；第二道作业程序是：拆除初步到位的钢件廊道整体桥架，将钢件廊道分成两节，以便吊进窑门。在进行第二道作业程序，拆除廊道底部连接螺栓时，先是组员张某钻到廊道底部（两节廊道用螺栓连成整体后，两端各有两个支撑脚，高度约0.4 m，中间悬空）用扳手拆掉下部的6颗连接螺栓（上部2颗未拆），另有一颗连接螺栓用扳手无法拧松，需采用气割拆除。

此时，已是早上7时左右，临近下班时间（8时下班），副段长涂某就安排韦某等几人先到食堂吃早餐，黄某、梁某等6人则准备收拾工具，等待白班维修人员过来接班（继续完成剩余工作）。

7日7时8分左右，梁某想把最后的工作做完，于是钻入钢件廊道的底部，继续对底部的最后一颗连接螺栓进行切割，而此时涂某由于正背对钢件廊道，未能注意到梁某。当梁某把底部最后一颗螺栓切割完时，钢件廊道突然落下，把梁某重重地压在廊道底下。当时，副段长涂某突然听到一声叫喊，回身发现梁某已被压在钢廊道下面（只有两脚还伸在廊道外面），立即组织班组成员撬起钢件廊道把梁某抬出来，随即将其送往医院进行抢救。

经X光、CT等检查，梁某的右侧锁骨外侧粉碎性骨折，右胸第一后肋横断性骨折，右肺挫伤气肿，右侧耻骨斜形骨折，颅抵骨裂伤。

二、事故原因分析

（一）直接原因

梁某未考虑到此时钢件廊道底部只剩一个连接点，在作业之前未与副段长涂某进行有效的沟通，在既没有给钢件廊道增加支撑点，未采取任何安全防范措施的情况下，自己钻入钢件廊道底部进行切割作业。在拆除完最后一颗连接螺栓后，廊道的两部分已经没有可靠的连接，悬空部分下坠将在廊道下面作业的梁某压住。

（二）间接原因

检修部门及人员对现场的危险因素辨识、重视不够，对进入廊道下面作业可能发生的危险因素没有识别出来。

现场组织施工的段长、班长对正在进行的工作的危险性认识不足，没有采取相应的安全防护措施和给员工以足够的提醒。

（三）管理原因

检修部门对施工现场的安全管理不足。因为涉及交接班，接班员工不清楚上一作业班的作业进展情况，而值班副段长涂某在上一班结束作业后没有对现场进行隔离管理，并安排专人看守现场。

三、完整性管理分析

（一）风险评估与管理

副段长涂某安排班组成员作业前没有进行与作业内容有关的安全培训，也没有在作业之前对作业过程中可能出现的风险进行辨识。在钢件廊道底部只剩一个连接点的时候，员工梁某在既没有给钢件廊道增加支撑点，也未向班组工友打招呼，未采取任何安全防范措施的情况下，自己钻入钢件廊道底部进行切割作业。梁某的违章操作最终导致伤人事故的发生，说明梁某并没有意识到风险的存在，这与他平时的工作习惯、接受的安全教育、执行管理制度也有很大关系。

由此可见，企业在作业安全管理方面还很薄弱，安全管理不到位，没有形成完整的作业安全管理制度，或者说员工没有严格执行现有的安全管理制度。日常作业的随意性很强，这与公司的日常安全管理松懈有关。

（二）事故隐患

该次作业的第二道工序是：拆除初步到位的钢件廊道整体桥架（两节廊道用螺栓连成整体），将钢件廊道分成两节。在拆除钢件廊道上的连接螺栓前，廊道的两端各有两个支撑脚，高度约0.4 m，中间悬空。拆除螺栓时作业人员是在廊道的下面进行的。

当张某拆掉6颗连接螺栓（上部2颗未拆）后，由于另有一颗连接螺栓用扳手无法拧松，需采用气割拆除，又由于快到下班时间，相关作业人员就停止了作业。

现场作业涉及交接班的问题。作为工段长的涂某应该意识到在该处如果再次进行作业的话必须要采取一些防范措施，应对作业现场的风险进行再次辨识后针对可能产生的风险采取控制措施，或是将作业现场隔离，设置“禁止入内”的警示标识。如果不采取措施，无论是谁继续作业都必然会导致事故发生。

（三）保护系统

由于没有意识到即将发生或可能发生的危险，作业之前，工段长涂某等人并没有采取有效的保护措施。

应采取的防护措施：将悬空部分进行支撑、将吊住钢件廊道的手拉葫芦拉紧、在作业现场设置警示标识等。

(四) 完整性管理与经验教训的实施

1. 工程技术对策

作业前，副段长涂某应组织作业人员分析作业过程中可能存在的风险，制定作业方案，并针对风险采取防护措施；现场作业完毕后应设置隔离带，悬挂“禁止入内”的警示标识。

2. 安全教育对策

加大对员工的安全培训，教育员工在巡检、维护、抢修设备时，要严格执行安全作业规定，提高员工的安全意识，增强员工对危险因素的辨识能力。

3. 安全管理对策

从事故案例描述中可以看出，不管是工段长还是作业员工，安全意识普遍薄弱。由此，必须从企业的安全管理制度入手，建立健全安全管理制度，并保证其得到严格执行。

在从事危险性较大的维修、抢修作业前，要组织施工班组和相关人员进行分析讨论，对检修项目的危险因素进行辨识和风险评估，制定详细的施工方案和周密的安全防范措施。作业中要严格执行作业方案，并安排专人进行现场监护和监督执行。组织检修人员学习施工方案和安全防范措施。

四、类似性质事故收集、阅读

(一) 违章操作致车辆伤害事故

2014 年 12 月 31 日，某水泥制品厂粉煤灰卸车场地发生一起车辆伤害事故，造成 1 人死亡。

2014 年 12 月 31 日 15 时许，在某水泥制品厂粉煤灰堆场作业区，装载机驾驶员郭某驾驶装载机在长约 20 m 的作业面上从西向东清理已经从大货车上卸下的粉煤灰。在装载机由东向西倒车过程中，将由东向西准备前去清理大货车箱体内粉煤灰的驾驶员唐某撞倒在地，并从其胯部压过，在现场工作的洒水工姜某和另一名大货车司机发现后大声呼喊郭某停车。在听到叫喊声后，郭某下车与两人共同查看情况，发现唐某头朝南侧躺，裤子被碾碎，胯部受伤。三人立即拨打了 120 急救电话并向厂领导汇报，唐某由救护车送当地医疗中心抢救无效后于当日 17 时许死亡。

(二) 破碎机侧墙板结皮掉落伤人事故

2009 年 10 月 14 日下午 15 时 30 左右，某水泥公司破碎班班长张某在清理砂岩破碎机侧墙板的结皮时，一大块结皮压在张某身上，经医院抢救无效死亡。

10 月 14 日上午，公司砂岩破碎机按计划停机，破碎工段安排对破碎机下料口内的结皮进行清理，班长张某清理破碎机侧墙板的结皮，巡检工王某在现场监控。15 时 30 分左右，破碎机下料口侧墙板一大块结皮掉落压在张某身上，王某立即向分厂及公司领导汇报，公司立即组织现场抢救。15 时 50 分经现场用撬杠和千斤顶顶起结皮后，张某被公司车辆送到市人民医院进行抢救，经抢救无效死亡。

破碎机下料口内侧墙板结皮垮塌处如图 2-13 所示。导致受害人死亡的大块结皮如图 2-14 所示。

图 2-13 破碎机下料口内侧墙板结皮垮塌处

图 2-14 导致受害人死亡的大块结皮

张某作为破碎班的班长，本应了解并严格执行公司的相关操作规程，但是实际工作中的张某自我保护意识不强，在清理砂岩破碎机下料口结皮时违反了公司清库安全操作规程。

负责现场监控的巡检工王某虽然在现场监控并在事发后及时把情况汇报给分厂、公司领导，但其对违章操作熟视无睹，说明破碎工段安全管理和安全教育严重不到位，也说明公司日常安全管理较为薄弱，对员工的安全培训工作开展较少，现场和专业安全检查不深入、不细致，检修组织管理体系不完善，日常维修安全管理职责履行不到位等。

（三）减速机外壳破裂飞出伤人事故

2008 年 6 月 10 日，某水泥厂生产技术处卸车机班长邓某在进行设备保养时因减速机外壳破裂击中身体，造成后脑撞击皮带机支架死亡事故。

6 月 10 日 17 时 20 分左右，装卸工段卸车机班长邓某带领班组两名成员对 A 线卸车机链斗升降传动装置联轴器进行加油等维护保养。在拆卸减速机联轴器时，未按“卸车机维护操作规程”将链斗放下，联轴器处于高位状态，邓某在联轴器螺栓无法正常拆卸的情况下仍使用锤子将最后一根连接螺栓打出。在螺栓被打出的瞬间，卸车机卸料斗及升降装置急速下滑，使减速机高速倒转，造成减速机外壳破裂。破裂的外壳飞出击中邓某下身、双脚等部位，并因冲击力迫使身体后退，造成其后脑撞击皮带机支架。事故发生后，现场人员立即打 120 急救电话，并向生产技术处和公司相关领导报告，生产技术处相关人员及公司领导立即赶到现场抢救。17 时 35 分邓某经抢救无效死亡。

案例 2　违章清库致水泥掩埋窒息事故

一、事故经过描述

2015 年 8 月 20 日 15 时 10 分左右，某水泥厂在对 2 号水泥库违章清库作业过程中，付货班班长刘某在 2 号水泥库被水泥掩埋，经抢救无效死亡。

进入 2015 年 8 月以来，该水泥厂出厂水泥温度高，致客户进行质量投诉。为降低出厂水泥温度，经公司总经理、分管生产总经理助理、水泥制造处处长、安全环保办公室主任共同商议决定，开展“倒库”工作，将 2 号水泥库水泥倒运至 5 号水泥库。因人员不足，决定由外协单位某机械有限公司派两人配合。经调查，该单位并无水泥库清库作业相关资质，且该水泥厂和所委托协助清库作业的某机械有限公司均未对参与清库作业的刘某等人进行安全技术交底，未对安全注意事项进行详细说明。

8 月 20 日，水泥制造处处长崔某安排付货班班长刘某负责库底“倒库”工作并负责监护。此后，该水泥厂对2号水泥库的“倒库”作业一直由刘某会同委托单位某机械有限公司人员负责。事故发生前，刘某等人开启2号水泥库库底卸料门，刘某进入减压锥内清料。水泥库减压锥示意图如图2-15所示。

20日15时10分左右，2号库内水泥坍塌，刘某在2号水泥库被水泥掩埋，造成肺部呛入大量水泥粉末。公司发现后及时开展现场急救，并拨打120急救电话。刘某经该水泥厂和随后赶来的120医务人员现场心肺复苏等抢救，随后被120救护车及时送到当地中医院，终因抢救无效死亡。

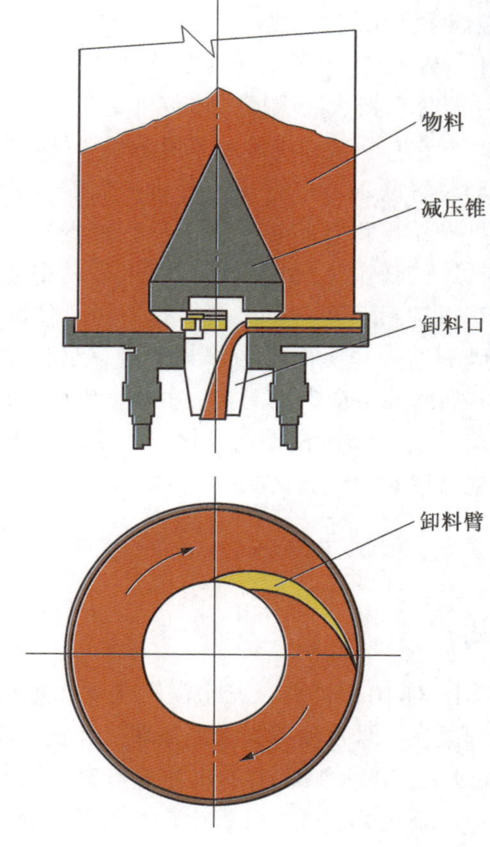

图2-15 水泥库减压锥示意图

二、事故原因分析

（一）直接原因

付货班班长刘某等人在作业过程中严重违章操作，擅自开启2号水泥库库底卸料门并进入减压锥内清料，造成库内水泥失稳坍塌。

（二）间接原因

付货班班长刘某、与其一起作业的委托单位员工等掌握“倒库”作业安全知识不足，对“倒库”作业的风险认识不到位，且无监护人员对二人的作业行为进行监护和安全提醒，各级管理人员未深入现场检查并及时制止施工作业人员擅自开启2号水泥库库底卸料门并进入减压锥内清料的严重违章行为。

（三）管理原因

该水泥厂相关方管理不到位，安排不具备相应资质的员工参与清库作业；该水泥厂对“倒库”作业的认识不到位，“倒库”作业实际上是清库作业，但该水泥厂未将其归为清库作业进行管理，安排清库作业时未进行风险评估和安全技术交底，缺乏作业前的安全培训和提醒；该水泥厂安全生产责任体系形同虚设，各级管理者安全管理职责落实不到位，对危险作业的安全指导、监督、检查严重缺失，不清楚2号水泥库“倒库”作业的实际情况和安全防范措施的落实情况。

三、完整性管理分析

（一）风险评估与管理

该次“倒库”作业实属清库作业，但是由于该水泥厂未将该次作业归为清库作业，在主观上认为作业风险较小，因而水泥厂和委托单位均未制定清库方案和应急预案。更为严重的是，最基本的风险评估和安全技术交底也未开展，这就使得付货班班长刘某等人对作业风险丧失了警惕，违章操作，进而引发了事故。

《水泥工厂筒型储存库人工清库安全规程》（AQ 2047—2012）明确规定：“清库前，水泥工厂应成立清库工作小组，制定清库方案和应急预案。”

（二）事故隐患

案例中，刘某擅自开启了2号水泥库库底卸料门，使得库底水泥流动通道贯通，为后续的作业埋下了事故隐患。

水泥库内水泥处于粉体状态，结构松散，具有流动性。《水泥工厂筒型储存库人工清库安全规程》（AQ 2047—2012）指出：“清库前，应关闭库顶所有进料设备及闸板，将库内料位放至最低限度（放不出料为止），关闭库底卸料口及充气设备，不得进料和放料。”

（三）工程授权

据调查，该水泥厂所属集团公司对清库作业审批有明显的要求，所有清库作业必须上报集团公司，经审批后方可开展。由于该水泥厂未将本次“倒库”

作业归为清库作业，因此对其管理也不像清库作业那么严格，未向上级单位进行汇报，未经上级单位审批和指导。

在该水泥厂内部管理方面，工程授权也存在严重不足，仅对作业人员进行了安排，但无现场负责人、监护人的授权，导致作业现场无专人负责指挥协调、无专人监护。

在相关方管理方面，也存在工程授权不规范的问题。对不具备高空作业工程专业承包企业资质、不具备清库作业能力的某机械有限公司进行了授权，且与其签订的外包合同中未明确双方责任。

（四）员工能力与操作规程

刘某作为班长，虽然具有一定的工作经验，但通过对该起事故的分析发现刘某对该次“倒库”作业并无清晰的认识，对作业中存在的风险、安全措施要求并不熟悉。委托单位不具备清库作业相关资质，作业人员不具备清库作业能力。

该水泥厂未结合《水泥工厂筒型储存库人工清库安全规程》（AQ 2047—2012）和所属集团公司要求，制定适合本企业实际的清库作业安全操作规程，未明确划分清库作业的范畴，未对其风险进行系统的评估，因此也无法提出具体、详细的安全措施要求。

（五）完整性管理与经验教训的实施

1. 工程技术对策

设计和使用时，水泥库顶应有可靠的防雨、防水措施，确保人孔门盖、量库孔盖、进料孔等防雨、防水效果良好；新建储存库使用前，应通风干燥，防止库壁挂料。

物料水分大、容易形成库壁挂料的储存库，应在生产中严格控制入库物料的水分，同时可考虑在储存库内壁刷涂抗黏结的涂料或贴一层超高分子聚乙烯板，防止库壁挂料。

库底设计多个出料口，使卸料更加顺畅。粉状物料储存库的库底应设有充气装置，增强物料流动性。

为了缩短清库人员进出口与作业点之间的距离，给清库人员进出库提供方便，也给监护、施救提供方便。直径小于 15 m 的储存库，每座库的库顶设计 2 个对称的人孔；直径大于或等于 15 m 的储存库，每座库的库顶设计 4 个对称的人孔。库侧设计 2 扇对称的库侧门。

机械清库是清库技术的发展方向，应积极开展机械清库技术及装备研究，开发出适合的机械清库技术及装备，降低清库事故发生率，从根本上避免清库事故的发生。

2. 安全教育对策

开展员工安全意识和风险评估与管理培训，提高员工风险识别评估能力、管控能力和警惕性。

开展水泥厂清库作业事故案例培训，结合具体案例，讲解清库作业安全注意事项。

3. 安全管理对策

对清库、清仓作业进行梳理，明确清库、清仓作业范畴和作业审批流程。

选择有高空作业工程专业承包资质的相关方，要求承包方提交清库方案和符合《生产经营单位生产安全事故应急预案编制导则》（GB/T 29639—2013）要求的应急预案，并与承包方签订清库外包合同（包括安全责任协议），明确双方责任。

清库前，水泥工厂应成立清库工作小组，制定清库方案和应急预案，并经企业安全生产管理部门负责人和企业负责人批准，作业时应严格按照《水泥工厂筒型储存库人工清库安全规程》（AQ 2047—2012）的规定进行。清库作业过程必须实行统一指挥。

库内清库人员少于或等于 2 人时，每 1 名清库人员须配有 2 名库顶监护人员；清理库底堆积物料，库内清库人员多于 2 人时，每 1 名清库人员应配有 1~2 名库顶监护人员，但库顶监护人员总数不应少于 6 人。

企业各级管理者要切实担负起“一岗双责”的安全职责，作业前应进行安全技术交底，作业中应开展经常性安全检查，及时发现并制止施工作业人员的违章操作行为。

四、类似性质事故收集、阅读

筒型储存库是水泥生产企业的基本设施之一。储存库漏水、气候影响库内外温差等原因，将导致储存库在使用一定时间后出现储存料被压实板结或者结块现象，造成下料口下料不畅，严重时会发生堵塞现象，因此，很多企业要进行清库作业。有的企业为了降低清库成本会自行安排人员清库，有的企业则会找专业的清库公司进行清库。

总之，近几年来因清库作业导致的伤亡事故频发，造成了人员的大量伤亡，极大地影响了行业的安全发展。以下几个案例也是由于违章开展清库作业而造成人员伤亡。对类似事故案例的描述，目的在于给读者提供事故经验教训，避免相同事故再次发生。

（一）违章清库作业致死亡事故 1

2010 年 1 月 7 日 12 时 30 分左右，某水泥公司水泥车间在清 23 号水泥仓库时发生一起生产安全事故，造成3人死亡。

2010年1月7日11时左右，由侯某（一组组长）、马某、陈某、项某和周某（二组组长）、李某、赵某、祝某组成的水泥仓库清理组，根据车间领导的安排，对积存在23号水泥仓库附壁上的水泥进行清理。作业前制定的《水泥车间水泥仓清库安全预案》要求：清库现场设总指挥1人，清库现场负责人1人，清库现场安全负责人1人；清库作业由4人组成，1人进水泥库仓内清理，3人在检修洞口对清仓作业人员进行监护。

清库时，清库现场总指挥、清库现场负责人均不在场（去分公司开会了）；清库现场安全负责人到现场后发现安全防护用具配备不足，在人员未进仓清库前到车间库房找安全防护用具。大约12时，第一组上到检修平台，组长侯某在戴好防护镜、口罩，拴好安全绳（安全绳一端拴在腰上，安全绳自由活动范围大约为1 m，另一端拴在检修平台的钢护栏上）后，在无清库现场总指挥、无清库现场负责人、无清库现场安全负责人的情况下，从检修洞（约60 cm×80 cm）进入23号仓内，用铁锹对黏附在仓壁上的水泥进行清理，其余3人员在检修洞口监护；侯某出仓后，由项某进仓进行清仓工作，侯某等3人在检修洞口处，对项某进行监护。

约12时30分，侯某等3人听见仓内“轰”的一声，便连忙叫项某，但连叫几声后没听到项某的回答。3人便用力拉拴在项某腰部的安全绳，想将项某救起。由于水泥的吸附作用，加上项某的体重，以及检修洞的限制，3人用尽全力也无法救出项某。这时在仓库下部等待的二组（两组采取轮换清仓）成员周某、李某等4人赶到检修平台，侯某、周某二人准备进仓救人。侯、周二人被闻讯赶到的刘某发现，刘某一边要求他们只有系好安全绳后才能进仓救人，一边用手机向车间主任王某报告事故情况。侯、周二人没有听刘某的劝阻，两人进仓采用手扒救人，经过一段时间抢救后两人太累，要求换人。侯某、周某出仓后，陈某、李某两人亦在没有采取安全防护的情况下进仓救人。大约12点40分，仓内积存的水泥再次发生坍塌，将正在抢救项某的李某、陈某二人一并掩埋在水泥内，造成一次死亡3人的较大生产安全事故。

（二）违章清库作业致死亡事故2

2014年6月16日，广西某建设公司（以下简称“建设公司”）雇用人员刘某于当日15时30分左右在某水泥公司3号线3号水泥库进行清库作业时被水泥库内壁结料掩埋，造成其死亡。

2014年6月初，建设公司项目经理邓某组织凤某（施工班组长）、刘某等5名务工人员对水泥公司装运部3号线3号水泥库进行清库作业。

16日14时左右，凤某安排许某、刘某等4人对水泥公司3号线3号水泥库进行清库作业。15 时 5 分左右轮至刘某用风管（由风机和直径为 2 cm、长度 4 m 的空心管组成）吹水泥库内壁上部库壁结料。当时，刘某站在水泥库中部的清库通道门口作业（距地面高 9 m），后跨入库内用风管向上吹水泥库内壁结料，突然结料成块垮落，砸中正在吹结料的刘某，刘某因身体失衡随坠落的水泥结料一起滑入水泥库下料口内，并被水泥结料掩埋。

事故发生后，凤某等现场作业人员立即对刘某进行施救，并拨打 120 急救电话。16 时 10 分左右现场作业人员把刘某救出，并对其进行了心肺复苏等简单紧急抢救，直至 120 救护人员赶到事故现场才停止急救，经 120 救护人员现场确认刘某已经死亡。

经对事故现场进行勘查、对相关人员进行询问调查以及对有关取证材料进行分析后，事故调查组人员认定事故发生的原因如下：

刘某违反水泥库清库安全规程，在水泥库侧门上方物料未清除的情况下，冒险跨入水泥库侧门内用风管向上吹水泥库内壁结料，以致被突然坍塌的水泥结料砸中后，因身体失衡滑入水泥库下料口内被掩埋窒息死亡；刘某在清理 3 号水泥库下料口处浮灰期间，未能根据作业面的变化调整安全绳的长度（所系安全绳长度 10 m），保证其停留在安全作业区域内。

建设公司安全管理不到位，清库人员上岗前没有进行安全教育培训，清库作业现场未指派相关的安全管理人员进行管理，以致刘某在清库时违反操作规程作业；水泥公司安全管理存在漏洞，没有发现现场实际作业人员与合同备案的作业人员不相符，且现场作业人员凤某等 5 人均没有高处作业操作证。

案例 3　清理运转皮带积料致机械伤害事故

一、事故经过描述

2014 年 2 月 26 日 4 时左右，某水泥公司 2 号破碎机岗位工在清理原料皮带下的积料时，发生机械伤害事故，造成 1 人死亡。

2014 年 2 月 25 日 16 时左右，该水泥公司 2 号破碎机岗位班长张某和岗位工曹某上四点班（当日 16 时至次日零时）。接班后，张某在控制室向曹某明确了当班的安全注意事项。随后，张某和曹某离开控制室（控制室距离 2 号破碎机厂房 18 m 左右，此时 2 号破碎机处于停机状态）到 2 号破碎机厂房打扫卫生。卫生打扫完毕后，张某和曹某回到控制室。21 时左右，车间值班调度电话通知张某开始生产。接到通知后，张某启动 2 号破碎机开始生产。

25 日 23 时 50 分左右，因无石料，张某将 2 号破碎机裙板机停机。2 月 26

日0时，张某和曹某继续上零点班（零点班为0时至8时，因张某家里有事，其事先进行了倒班调整）。0时45分左右，张某启动裙板机继续生产。

26日1时左右，张某安排曹某察看电脑，自己离开控制室对2号破碎机进行巡检，并到原料皮带机尾提升斗（由车间自行安装的用于清理皮带下积料的简易提升设备）处清理皮带机下的积料。1时45分左右，张某回到控制室，安排曹某去原料皮带机尾处清理积料。

26日2时左右，曹某到达原料皮带机尾。当时原料皮带机尾处地面有积水（由于2号破碎机收尘水罐管道冻裂，罐内水渗漏，造成原料皮带机尾处地面积水），曹某观察发现，在提升斗外侧被水浸泡的积料上垫有一木板（长70 cm、宽15 cm、厚6 cm），于是曹某脚踩木板手拿铁锹开始清理皮带下的积料。在清理积料过程中，因脚下不稳再加上皮带下的积料经水浸泡产生黏性，曹某感觉身体有时会向前倾。

26日3时10分左右，在清理了5斗积料后，曹某意识到清理皮带下的积料有危险，有可能会被皮带卷入，于是停止清理返回控制室。曹某回到控制室后，将清理积料时的危险状况向张某进行了汇报，并建议不要再到提升斗处清理积料。随后，曹某坐到椅子上合眼休息，张某坐在电脑前负责察看电脑。3时20分左右，张某离开控制室到原料皮带机尾继续清理积料。4时左右，张某在清理皮带下的积料时，不慎被皮带卷入。

2月26日4时5分左右，曹某发现张某未在控制室，于是到2号破碎机厂房寻找张某。当曹某到达原料皮带机尾时发现张某被卷在原料皮带与滚筒立柱之间。曹某发现情况后，立即跑回控制室将原料皮带机停机，并电话将事故情况向车间调度员甄某进行了报告。甄某接到报告后，立即向相关人员进行了报告并拨打了120急救电话。4时30分左右，该水泥公司相关人员陆续赶到事故现场展开救援。5时30分左右，张某被救出并送至医院进行救治。经抢救无效，张某于当日6时25分死亡。

二、事故原因分析

（一）直接原因

在曹某告知清理积料有危险的情况下，张某仍然违反皮带机的安全操作规程，在原料皮带机运转情况下清理皮带下的积料时不慎被皮带卷入，导致死亡。

（二）间接原因

公司对已发现的2号破碎机原料皮带机尾地面积水情况未及时整改，造成积水对积料的浸泡；员工在清理积料时未处在正确的作业位置和未采取正确的防护措施。

（三）管理原因

水泥公司劳动组织不合理，对班组擅自调班、超强度连续上班的现象没有及时发现和制止；破碎机岗位仅安排两人当班，造成设备运转期间单人巡检、清理积料，无人监护。

水泥公司安全教育不到位，导致从业人员对作业现场存在的危险认识不足、对违章操作的危险性认识不足。

三、完整性管理分析

（一）风险评估与管理

公司岗位人员设置不合理，造成设备运转期间单人巡检、清理积料，无人监护。

员工曹某在清理积料时，意识到了在不采取更好的防护措施的情况下继续清料会有风险，并将风险告知了张某。张某作为岗位班长，并没有接受曹某的告诫，而是在未采取措施、未关停皮带机的情况下再次清理积料作业。张某无视公司制定的岗位安全操作规程、无视作业中存在的风险，加之连续长时间工作，造成自己的死亡。凌晨4时左右，这也是人最容易犯困的时候。

由事故描述可知，在曹某清理积料以前，张某已经清理过此处的积料，或许张某也意识到了积水对清理积料的影响，在清理积料之前在被水浸泡的积料上垫了一块木板后开始作业。该次作业并没有对张某造成任何伤害，使其心存侥幸，导致张某再次违章操作。

（二）事故隐患

现场存在以下隐患：皮带机漏料，需人工清理积料；破碎机收尘水罐管道冻裂造成原料皮带机尾处地面积水；积水对提升斗外侧的积料造成了影响，浸泡过的积料容易打滑，而作业人员在清理积料时是站在被水浸泡的积料上的一块木板上；被水浸泡过的积料黏性增大，清理时较困难等。而作业人员对工作场所存在的隐患没有及时整改，也说明公司的隐患排查管理制度贯彻执行不力。

（三）设备完整性

公司为了解决原料皮带机漏料的问题，在皮带机尾部安装了一个简易的提升斗，而不寻找皮带漏料的原因从源头上解决问题，没有做到本质安全。

（四）员工能力与操作规程

皮带运转时清理积料是任何一家水泥公司都不允许的，张某作为岗位班长，个人能力应该是没有问题的，但是存在习惯性违章操作行为。

从事故的时间链可以发现，张某第一次作业是在凌晨1时左右，第二次作业是在凌晨 4 时左右，后一次作业正是人最容易犯困的时候，而旁边又没有人员监护。

（五）完整性管理与经验教训的实施

1. 工程技术对策

找出原料皮带机漏料的原因，从源头上解决漏料的问题，彻底消除清理积料作业；对公司所有裸露的输水管道进行防冻保护，防止在天气寒冷的时候管道冻裂；在必要的作业场所设置监控装置，减少员工巡检的频次。

2. 安全教育对策

对作业人员开展隐患排查、风险辨识、事故学习等培训，使员工真正意识到安全的重要性；采用班前会、班后会等形式，对作业过程中、即将开展的作业中存在的风险、采取的控制措施进行讨论，增强员工的安全意识。

3. 安全管理对策

对公司的隐患排查管理制度进行修改，对发现的隐患应及时治理，不能治理的应采取临时控制措施；严禁员工私自调班；合理安排岗位人员，严禁出现单人作业，尤其是夜班；对公司制定的岗位安全操作规程，应加大培训力度，使每位员工都能够熟练掌握，对于考核不合格的员工，可以调岗或辞退；对于违章操作，可以先追究部门负责人或上级领导的责任，多次或屡次出现不改的可以调岗或辞退；禁止皮带运转时进行清理积料作业。

四、类似性质事故收集、阅读

（一）皮带托辊挤压事故

2012 年 12 月 30 日 14 时 35 分左右，某水泥公司码头分厂输送工段发生一起巡检工被托辊挤压导致死亡的安全事故。

这天下午，码头分厂计划停 1 号长皮带对损坏的托辊进行更换。13 时 40 分，班长丁某与巡检工黄某将 6 个托辊备件运至该皮带尾部。14 时 28 分，上游皮带停机，该机待卸空后停机。14 时 35 分，巡检工胡某拿着托辊备件经过 1 号长皮带尾部时，发现黄某被卡在皮带上行程的托辊中，于是胡某立即拉停 1 号长皮带，开展紧急现场施救和向领导汇报，并将黄某送至医院进行抢救。因伤势过重，经全力抢救无效后死亡。事故发生现场如图 2-16 所示。

事后分析原因得知，黄某在检查皮带托辊时，擅自钻入运行的皮带下方，严重违反皮带机安全操作规程，导致左臂被带入运行的皮带与托辊之中，造成胸部被严重挤压。

员工对运转中的皮带存在的危险辨识不足，违章操作，反映出公司在安全生产管理制度方面的缺失，以及员工安全教育培训的缺乏。

图 2-16　事故发生现场

（二）违章维修上料皮带致坠落事故

2013 年 4 月 23 日，河北某水泥公司发生一起生产安全事故，造成 1 人死亡、1 人轻伤。

2013 年 4 月 23 日 13 时左右，该水泥公司制成车间带班班长李某在巡查中发现 2 号地沟上料皮带挡板损坏需要维修，就通知分包车间维修工张某和刘某，但没有通知中控室。

由于是午休时间，维修工没有马上到现场处置，13 时 57 分，中控室操作员根据水泥磨饱磨参数，停止了所有上料皮带。14 时左右，维修工张某和刘某到达制成车间 2 号地沟上料皮带处进行维修，但没有对现场皮带控制开关进行断电和挂牌，也没有和制成车间人员接洽，就直接下到地沟中进行维修。14 时 27 分，由于没有接到维修断电通知，中控室操作员发现水泥磨参数恢复正常后启动所有上料皮带，导致正在制成车间 2 号地沟维修上料皮带的张某从皮带上摔下。维修工刘某通过对讲机呼救，制成车间主任曹某和带班班长李某带人赶到 2 号地沟，之后用车将张某、刘某送往隆尧县人民医院。张某经医护人员全力抢救无效后于当日死亡；刘某轻微擦伤，于 2013 年 4 月 30 日康复出院。

该水泥公司安全操作规程规定："设备维修和处理临时事故，必须执行拉闸挂牌、监护制度。工作完毕，确认不影响设备和人身安全时，才能启动设备。"维修人员张某和刘某没有按照安全操作规程要求先拉闸断电再挂牌作业；中控室操作员没有接到维修断电通知，在不知情的情况下启动输送皮带，直接导致该次事故的发生。

案例 4　锅炉汽包加药致脸部灼烫事故

一、事故经过描述

2015 年 5 月 30 日，某水泥厂余热发电工段敖某、颜某在对 AQC 锅炉汽包进行加药时，敖某脸部被药水灼伤。

2015年5月30日8时许，某水泥厂余热发电工段长杨某安排苏某、敖某及颜某到三线AQC锅炉汽包加药煮炉。三人于8时10分左右到达AQC锅炉汽包平台将汽包人孔门打开，在经过检查确认后决定对汽包进行补水，8时50分左右补水完毕。约9时10分用塑料胶桶从AQC汽包内打水出来对药品进行搅拌，在将药品（氢氧化钠）放入胶桶后由于药品发生化学反应致使苏某被胶桶内的蒸汽熏到脸部，颜某及敖某叫苏某立即到纯水房用清水进行冲洗处理。

之后，颜某及敖某继续对汽包进行加药，约9时20分对胶桶内的药物搅拌好后，两人分别提胶桶的提手将桶内药品直接对汽包进行加药，刚把药物加入汽包内，汽包内所加的药及水就往外喷，颜某及敖某立即丢掉手里的胶桶背对人孔门。同时，颜某将敖某衣服脱掉，敖某的外衣脱掉后感觉自己脸部也被药水灼伤了。颜某一边拿水冲洗自己被药品喷洒的手部，一边电话通知工段长杨某过来救援，杨某接到电话后立即报告分厂领导及安全管理人员，同时联系就近相关人员参与现场救援。经过现场用水简易冲洗后，9时30分左右救援人员将敖某送往市医院进行救治，现经医院初步检查，敖某脸部灼伤。

二、事故原因分析

（一）直接原因

加药时汽包内水位大概为80%、水温60~70 ℃，在将已混合好的药水（桶内储存量约为80%）直接倒入汽包内导致药水外喷至敖某脸部，属于典型性的违章操作；两人未佩戴相应的劳动防护用品（防护服、防护面罩、耐酸碱乳胶手套等），在无任何防护措施的情况下对汽包进行加药，导致敖某脸部灼伤。

（二）间接原因

工段管理人员在布置工作的同时未就作业过程中存在的风险进行辨识及采取相应的安全防范措施，致使在作业过程中作业人员因经验不足、风险评估不到位而受伤。分厂及工段未定期开展岗位安全操作规程、设备设施操作规程及日常作业过程应知应会等相应安全知识的培训。

（三）管理原因

企业安全管理存在薄弱环节，安全生产责任制执行不严，日常安全检查针对性不强（未检查发电加药防护用品落实情况），员工安全教育和事故防范技能培训不到位，对发电工段安全管理存在忽视状况，未定期开展安全操作规程等培训考试。

水泥厂对余热发电工段日常安全意识、技能知识培训的检查力度不够，应对该起事故负安全管理责任。

三、完整性管理分析

（一）风险评估与管理

三人作业之前未进行风险辨识，工段在布置工作的时候也未对作业中的风险进行辨识。作业过程中三人均未采取防护措施，作业过程中也无人监管。三人对他人的违章行为均习以为常，也说明公司的安全管理存在缺陷。

（二）保护系统

三人在作业过程中均未佩戴劳动防护用品，未按照作业规程进行加药。

（三）事故调查

三人在将药品（氢氧化钠）放入胶桶后由于药品发生化学反应致使苏某被胶桶内的蒸汽熏到脸部，未引起颜某、敖某的警觉，也未将事故上报。两人未吸取苏某的教训，在进行下一步加药作业时仍未采取任何防护措施，导致敖某脸部被灼伤。

（四）完整性管理与经验教训的实施

1. 工程技术对策

配置自动加药装置取代人工加药。

2. 安全教育对策

开展安全教育培训工作，保证作业人员掌握应知应会的安全知识，熟悉本岗位作业范围内的安全操作规程和相应的操作流程，严格落实“缺什么、补什么”的原则，让员工通过培训掌握作业过程中存在的安全风险及巡检过程中的注意事项，从而提升员工安全防范意识和事故应急处置能力。

3. 安全管理对策

各生产单位要高度重视危险作业安全管理，针对不同的危险作业要安排有经验的专业技术人员带队作业，防止因经验不足、作业流程不熟悉而导致安全事故的发生。

各工段、班组要严格按照要求全面排查好责任区域范围内各类隐患、风险源，对存在的隐患要及时整治、登记、建档，对各类危险源要定期进行检查、监控到位。

对不同的危险作业要安排专业技术人员带队作业，作业过程中必须有 2 人以上进行作业，并安排 1 人监护，保证作业过程中安全受控。

四、类似性质事故收集、阅读

某贸易公司为某水泥公司的经销商，贸易公司到水泥公司购买水泥，自行负责销售及运输。贸易公司没有自备车辆，水泥运输均采取临时联系其他单位车辆的方式。

2016 年 11 月 20 日，贸易公司通知个体运输经营户陈某运送水泥到某工地，陈某安排其雇佣的驾驶员席某去水泥公司装运水泥。15 时 50 分许，席某将车开到水泥公司，在厂区道路上将罐车顶部的 2 个水泥装料罐盖口打开，然后将车倒到散装水泥库装料口装车。16 时 36 分许，装车完毕，席某爬上车顶准备将罐车 2 个罐盖口关闭。水泥公司的放料工江某看到他爬上车顶作业，就让他穿戴好劳保用品，但他没有听从江某的劝导，既没有戴放置于驾驶室的安全帽，也没有按规定系放置在二楼钢平台上的安全带，直接爬到车顶作业。席某先将靠近车头的罐盖口周边的水泥进行了清理，将罐盖口合上，再用装料口配置的摇杆紧固罐盖口，因用力过猛，摇杆与罐盖口连接的插销突然脱落，手扳摇杆正在用力的席某身体失去平衡，从罐车顶部直接坠落至车辆与筒库之间的地面上，后背及脑部着地，当即昏迷不醒。因被车辆与筒库遮挡，加之边上无其他人员，当时无人发现席某的受伤情况。

事故发生后几分钟，在二楼放料的江某发现已装料结束的车子一直未走，就在楼上操作岗位观察，看到车顶上靠近驾驶室的罐盖口已经关闭，靠近尾部的罐盖口仍然开着，但驾驶员不在车顶，他便走到操作岗位外挑的钢制平台上再次察看，发现席某一动不动躺在车旁的地面上。于是他边从二楼跑下去，并用电话报告车间主任。江某到达事故现场，在较近距离观察席某仍无反应，就喊叫距事故点不远的公司大门口的保安人员，保安人员到现场后拨打了 110、120 等电话。闻讯赶来的公司和车间领导及安全员等人立即拨打了陈某的电话，向公司负责人报告了相关事故情况，并保护好现场。

十几分钟后，120 急救车赶到将席某急送人民医院进行抢救，席某因伤势严重，经抢救无效于 2016 年 11 月 20 日 23 时 50 分许死亡。

案例 5 擅自启动运输皮带致机械伤害事故

一、事故经过描述

2014 年 6 月 23 日 15 时许，湖南某水泥公司发生一起安全事故，造成 1 人死亡。

该水泥公司生料车间辅料堆棚是车间辅助原材料堆放处，整个堆棚面积约 4000 m^2。堆棚内主要堆放页岩、砂岩、硫酸渣三种辅料，用于生料制备。根据实际生产需要辅料适时通过辅料皮带向调配站各料仓输送。辅料堆棚设有三个喂料口，物料通过喂料口进入板喂机，再通过板喂机转载至辅料皮带，输送皮带总长 228 m，呈 10.5°仰角爬坡，至机头通过三通分料阀下至可逆皮带，最后根据物料的品种输送至不同的料仓。料仓底部设有皮带秤，用于物料的计量。为防止物料中的金属物进入喂料仓，在输送皮带大约中间位置加装了除铁器，横跨在皮带上端。同时为防止物料受潮、扬尘等，给输送皮带加装了封闭防护罩，仅除铁器下的输送皮带两端未安装封闭防护罩，两端是整条输送皮带中唯一存在较大空隙的位置，两端的空隙分别为 2 m 和 1 m 左右。生料车间一般每日上、下午各送一次料，如遇特殊情况也会临时开机送料。

2014 年 6 月 23 日 13 时许，该公司生料车间三班正在进行下午的送料作业。13 时 55 分，在料仓顶部的巡检工马某用手机通知中央控制室操作员姜某料已送完，要求关闭设备和输送皮带，姜某立即予以了关闭。

23 日 14 时左右，巡检工倪某和张某（事故死者，辅料堆棚的一名巡检工，主要职责是对所辖设备设施进行巡视检查、对喂料口进行监护防止其堵料，以及进行岗位设备环境卫生的保洁）来到输送皮带处进行卫生保洁工作，两人约定由倪某负责 2 号板喂机倒槽的保洁，张某负责除铁器处一段区域的保洁。随后两人便分开，进行各自的卫生保洁工作。

23 日 15 时左右，在料仓二层平台的巡检工李某与巡检工马某联系，告知料仓没有硫酸渣了，要求继续送料。

23 日 15 时 25 分，马某用手机通知中央控制室操作员姜某，要求启动设备及输送皮带送硫酸渣，但是没有通知正在保洁的巡检工倪某和张某。中央控制室随即启动了设备和输送皮带。片刻，李某发现硫酸渣虽然已经送料，但是下

图 2-17 事故现场皮带机

料口很堵，下料速度慢，通过铁锤击打下料口外壁的方法仍不能解决问题，便用手机向班长张某汇报。张某来到料仓后发现下料口位置有一个人的手臂，意识到可能出事了，立即用手机通知中央控制室停止所有的设备和输送皮带，车间和公司领导闻讯后随即赶到现场。经破拆下料口下方的设施设备，张某被人抬了出来。现场人员拨打了120急救电话，张某经医护人员现场抢救无效死亡。事故现场皮带机如图2-17所示。

经对现场进一步勘查了解，除铁器下方输送皮带支架上完好放置着张某日常工作佩戴的白色安全帽，支架上有较清晰的鞋印。事故调查组分析认定，张某是站在输送皮带上方进行除铁器保洁作业。

二、事故原因

（一）直接原因

马某在没有通知正在保洁的巡检工倪某和张某的情况下，用手机通知中央控制室要求启动输送皮带；张某在输送皮带处于待机状态下违章进行卫生保洁作业，被突然启动的输送皮带卷入致其死亡。

（二）间接原因

公司现场安全管理不到位，未能及时发现和制止相关人员的违章操作行为。职工的安全教育欠缺，安全交底不细致，部分职工没有认真履行设备维保清洁作业必须挂牌停电的安全措施，违反操作规程办事。

（三）管理原因

公司隐患排查不彻底，除铁器下的输送皮带两端未安装封闭防护罩，留有较大的空隙，且无防护措施及警示标语，存在安全隐患。安全技术措施存在短板，该输送皮带启动前没有声光警示信号，事发现场也无任何监控设备。

三、完整性管理分析

（一）风险评估与管理

对于巡检工张某、倪某来说保洁工作属于日常工作，作业频率高，与有限空间作业、高处作业等相比，作业风险小。因此，两人在作业前未进行科学的风险评估，而是凭借经验和感觉去作业。张某在清理除铁器时，认为皮带已经停机，忽视了站在皮带上方一旦皮带开启可能被卷入的风险。未落实停电、挂牌手续，作业前未将作业内容告知中控室操作员，风险管控措施完全没有落实到位，相关作业人员没有获取必要的信息。

常规性的设备维护、保洁作业，虽然作业风险较低，但由于作业频率高，稍不注意就有可能引发事故。完整、科学的风险评估能够查找出可能发生事故的部位、原因及事故模式等，进而为风险管控提供依据。风险评估不能放过任何一个细节，越是人们容易忽视的地方，其危险性往往越高。

（二）事故隐患

除铁器下的皮带两端未安装封闭式防护罩，为清理除铁器提供了方便，但同时也带来了事故隐患。无防护措施及警示标语，使得隐患处于失控状态。

（三）保护系统

企业在生产经营过程中，应根据风险评估的结果，采取必要的风险管控措施。除铁器清理作业本身的危险性较小，但由于在清理过程中作业人员与皮带接触，这就增加了作业的危险。因此，企业应根据自身实际情况，采取隔离等措施，杜绝或减少作业人员与皮带的接触，如安装防护网等。同时，为了便于清理作业，防护网可采用悬挂固定、插销固定等方式。

声光报警装置对皮带机作业人员来说是必要的保护设施，能够在设备开启前向设备周围人员传递设备即将开启、人员应撤离到安全位置的信息。

（四）员工能力与操作规程

巡检工马某和张某、中央控制室操作员姜某等人均具备必要的操作技能，在作业过程中不仅要保护自己不被设备设施伤害，还要做到“四不伤害”，即“不伤害自己、不伤害他人、不被他人伤害、保护他人不受伤害”。

必要的信息沟通与确认是不伤害他人、不被他人伤害、保护他人不受伤害的有效措施，停电挂牌、设备启动前使用对讲机进行告知及进行声光报警等都是向相关人员传达信息的方式与途径，这些内容必须要写入安全操作规程，并严格执行。

（五）完整性管理与经验教训的实施

1. 工程技术对策

在公司所有的运输皮带一侧或两侧设置拉绳开关或急停装置，拉绳开关宜每隔 25 m 设置一个。设置皮带开机声光报警装置，设备启动前必须进行声光报警或使用对讲机等进行提醒和确认，确认设备周围作业人员处在安全位置时方可启动。在公司所有除铁器下的输送皮带两端设置防护装置，如需要清理除铁器，应在皮带停止运转的情况下进行。为员工配置对讲机，并调到统一频道，便于现场作业时人员之间、中控室与作业人员之间的沟通。

2. 安全教育对策

加强安全教育培训力度，全面提高职工的安全意识和自我保护意识，培养员工作业前分析作业风险的习惯。

3. 安全管理对策

水泥公司应认真吸取事故教训，加强对生产现场的安全管理工作，进一步增强安全监管力量，加大现场安全监督检查力度，及时发现和纠正各类违章行为，督促职工按操作规程办事。

加强各工种之间的人员管理和协调，完善作业人员信息沟通机制，认真落实设备维保清洁作业必须挂牌停电的安全措施，确保作业人员的人身安全。

认真开展隐患排查治理工作，及时消除生产现场的各类安全隐患，减少和杜绝生产安全事故发生。

水泥公司应进一步加强安全技术革新，细化和完善各项安全措施，提高现场统一调度能力，努力做到作业现场的本质安全。

四、类似性质事故收集、阅读

（一）沟通不畅致机械伤害事故

2015 年 12 月 28 日下午，某水泥公司发生一起机械伤害事故，造成 1 人死亡。

2015 年 12 月 28 日 15 时 30 分左右，某水泥公司熟料制造分厂一线原料工段行车工吴某发现原料行车行至某一处时，行车出现跳闸。原料工段副工段长许某检查发现轨道与行车基础存在间隙，联系维修工进行维修处理。维修工段安排中班维修工李某和潘某处理黏土仓爬梯防护罩和铁轨间隙。两人在处理完黏土仓爬梯后，李某对现场进行整理，潘某与行车工吴某一起去上面处理轨道间隙。19 时 35 分时，维修工潘某与吴某到现场对间隙偏大处进行了塞钢板处理，潘某将事先割好的钢板塞进轨道下面，处理完毕后潘某离开了现场。吴某看见潘某与李某离开后，检查现场无误，于是开始正常抓料作业。

28 日 19 时 50 分，行车工吴某在作业时听到一声喊叫，吴某立即停下行车进行检查，发现维修工潘某晕倒在联合储库两个混凝土柱子之间的行车轨道旁，经现场喊叫没有回应。于是吴某电话进行逐级汇报并联系车辆，公司当即迅速将潘某送往县人民医院抢救，虽经医院全力抢救，但因伤势过重，抢救无效死亡。

根据事后调查，维修工潘某在第一次调整轨道间隙后，感觉垫的钢板厚度不够，遂离开现场，重新拿了一块稍厚的钢板准备进行再次重新调整轨道间隙。此时行车工吴某已在正常抓料作业。但潘某在重新维修前未与行车操作工吴某进行联系，吴某在作业前也未与潘某确认作业是否完成，终致该起伤亡事故的发生。

（二）沟通不畅致皮带伤人事故

2009 年 8 月 16 日 9 时 20 分左右，某水泥分厂在进行皮带计划预检修时，发生一起维修工被卷入配重滚筒导致死亡的安全事故。

8 月 16 日 6 时 30 分，装运分厂按计划停机对 0718 皮带机进行皮带局部更换，9 时左右，负责该项目的码头机电工段副工段长鲁某到现场确认皮带配重是否拉起。但由于与拉配重的维修工毕某（死亡者）联系出现错误，9 时 20 分左右截断皮带，而此时毕某仍在配重处进行作业，毕某被滑动的皮带卷入配重滚筒，其所系安全带被拉断，配重着地。在场组织检修的装运分厂厂长助理马某随即组织人员进行抢救，并向公司领导汇报，公司立即安排车辆于 9 时 30 分左右将毕某送到当地就近医院急救，并拨打了 120 急救电话。事故发生现场如图 2-18所示。

图 2-18　事故发生现场

16 日 9 时 50 分左右，毕某经医院初步诊治后，由县医院救护车转送至市人民医院进行进一步救治，17 时 30 分左右经抢救无效死亡。

第四节　作　业　许　可

正常生产过程中的非常规作业和关键作业，为有效控制风险，其组织者或作业者都需要事先提出申请，经过主管领导或部门审查批准，发放作业许可证后才能从事该项作业活动。

作业许可证是一个文件，它能够表明要完成的工作、作业过程中存在的风险和应采取的防护措施。作业许可本身并不能保证作业的安全，作业许可只是对作业之前和作业过程中所必须严格遵守的规则及所满足的条件做出规定。

然而，经验表明，不管作业程序和作业许可证的形式多么简单或复杂，它的本质就是与风险评估和工作许可应用有关的程序及操作在实际工作中的严格执行，以确保各项作业可以安全进行。

作业许可证的主要作用如下：

（1）明确要完成的工作和执行工作所需的工具。

（2）说明在工作场所已经准备的作业方式。

（3）列明作业中的固有风险以及将这些风险降低到可接受水平需要采取的

措施。

(4) 记录作业环境中存在的有害物质。

(5) 提供一种危险作业的操作权限机制。

(6) 提供一种记录已完成的工作，并反馈到执行机构的手段。

水泥企业应建立至少包括下列危险作业的作业安全管理制度，明确责任部门、人员、许可范围、审批程序、许可签发人员等：危险区域动火作业、进入有限空间作业、高处作业、大型吊装作业、预热器清堵作业、篦冷机清大块作业、水泥生产筒型库清库作业、交叉作业、高温作业、其他危险作业等。

本节描述的事故原因要么是没有执行公司的作业许可证制度，未办理危险作业许可证，要么是在作业中未遵守作业许可证中规定的防护措施，或是采取的防护措施不当等。

案例1 篦冷机内灼烫伤害事故

一、事故经过描述

2006年6月16日1时12分左右，某水泥公司二号生产线工段当班班长黄某在进入篦冷机内检查时，被窑内热气流灼伤，公司及时将伤者送往医院治疗。6月17日17时35分，黄某因并发症肺动脉梗塞导致窒息，抢救无效死亡。

根据安排，该二号生产线计划于2006年6月15日20时检修。6月16日零时，二号生产线工段当班班长黄某与中控操作员张某联系，表达了想要查看篦床积料的意图。在停窑5 h后，即6月16日1时5分，黄某在没有任何指令的情况下将篦冷机人孔门打开（根据操作要求应为8 h后打开），接着（1时10分）黄某又从二段人孔门进入篦冷机内检查（按规定应为12 h后方可入内），刚进去不久（1时12分），窑内一股热气流突然窜向篦冷机二段，黄某躲闪不及，被热气流灼伤。

事故发生时，2538、2506、2618大型风机及2529-1～2534冷却风机群一直处在运转中。篦冷机人孔门被打开后，系统风量瞬间失去平衡，正值窑系统处于冷窑状态，窑尾结皮挂料脱落，导致系统瞬间正压（窑头、窑尾负压曲线显示1时12分由-20 Pa骤升至100 Pa以上），热气流带着细粉料窜向篦冷机，将正在内部检查的黄某烫伤。

事发后，公司迅速安排将黄某送往当地医院，经检查认为灼伤面积较大，需送往市人民医院；2时左右，经市人民医院组织专家进行检查后认为应送往广州进行治疗。为防止感染，公司当即与市人民医院协商，用医院救护车连夜送往广州某医院。

到达医院后，在第一个 24 h 内，病人病情稳定，神志清楚。但是，17 日 16 时左右，正在医院病房内接受观察的黄某忽然感觉呼吸不畅，护理人员迅速向主治医生报告，并开始紧急抢救。经过一个多小时的抢救，终因并发症严重，黄某于 17 日 17 时 35 分死亡。死亡原因医院认定为因过度烧伤引起的肺动脉梗塞导致窒息。

二、事故原因分析

（一）直接原因

公司员工黄某未执行危险作业许可制度，未办理危险作业审批单，擅自进入篦冷机。窑尾结皮挂料脱落，导致系统瞬间正压（窑头、窑尾负压曲线显示 1 时 12 分由 −20 Pa 骤升至 100 Pa 以上），热气流带着细粉料窜向篦冷机，将黄某烫伤。

（二）间接原因

停窑 5 个多小时后，窑内物料温度仍然较高，窑尾结皮挂料尚未完全脱落，黄某贸然进入篦冷机，而中控操作员张某接到黄某电话后，未能及时阻止并向分厂汇报，是导致事故发生的间接原因。

（三）管理原因

该水泥厂篦冷机岗位安全操作规程不健全，没有在操作规程中写明进入时间要求、审批流程等，也没有在岗位张贴和培训。该水泥厂对进入篦冷机检查作业的审批管理不到位，流程不明确，执行不到位。对员工安全意识的培训不到位，员工自我保护、互相保护意识差，发现他人违章时不能果断制止，未能真正做到“四不伤害”中的“不伤害自己”和“保护他人不受伤害”。

三、完整性管理分析

（一）风险评估与管理

根据该水泥厂要求，在停窑后篦冷机需持续吹冷风 12 h，篦冷机内温度降至允许值后人员方可进入。在黄某进入篦冷机时，距停窑时间仅 5 个多小时，虽然篦冷机 2 段物料温度已较低，但窑内温度仍然较高，一旦发生正压，窑内的高温物料将会冲入篦冷机 2 段。冷窑期间，窑尾结皮挂料脱落，必然会对窑内、篦冷机的负压状态造成影响。黄某作为该工段的工段长，应当是了解篦冷机高温物料灼伤风险的，但经验主义导致其认为在负压状态下进入是安全的，而忽视了窑尾结皮挂料脱落可能会导致正压。

（二）事故隐患

水泥厂熟料烧成冷却系统的生产工艺决定了其具有高温灼烫的可能性，正常情况下，中控操作员的正确操作能够保障系统处于负压状态，但是在停窑检修初期，由于窑尾结皮挂料脱落，使得系统很难始终保持在负压状态。因此，水泥行业各熟料生产企业对中控操作员维持系统负压的操作和停窑后进入篦冷机检查的时间、劳保用品（高温防护服、面罩、防护靴等）穿戴、作业许可等均进行了要求。

（三）工程授权

在黄某进入篦冷机前，并没有向上级进行作业许可的申请，也没有收到任何有关进入篦冷机检查的指令，仅在作业前 1 h 向中控操作员张某电话说明了作业计划，而张某既没有对其计划进行否定，也没有向上级领导汇报。如果黄某按照要求办理作业许可申请，并被上级领导拒绝，或者中控操作员能够在接到黄某电话后明确否定其作业计划，并向上级汇报，或许悲剧就不会发生。

进入篦冷机检查属于有限空间作业，必须严格按照有限空间作业的相关规定作业。同时，在停窑初期，进入篦冷机检查也有高温中暑、灼烫伤害等风险，必须采取必要的防护措施。

（四）保护系统

作业人员黄某在进入冷却时间不够的篦冷机内检查时，没有穿戴高温防护服，归根结底还是黄某对篦冷机内可能发生烫伤的风险认识不够。

（五）员工能力与操作规程

该水泥厂在制度中明确要求停窑 8 h 后方可打开篦冷机人孔门、停窑 12 h 后方可进入篦冷机内检查，并穿戴好劳动保护用品。但在篦冷机安全操作规程中并没有涵盖进入篦冷机前安全作业的规定，安全操作规程没有上墙公示。然而，即便是篦冷机安全操作规程内容不全面，黄某作为工段长，必然是熟悉这些基本要求的，对作业风险及管控措施应该是了解的。同样的，中控操作员张某对停窑后进入篦冷机检查的风险也应该是了解的。

（六）应急响应

在将黄某救出篦冷机后，该水泥厂对其伤情进行了初步判断，立即将其送往了当地医院，但该医院并没有能力救治如此严重的伤情，于是又送往了市人民医院。经市人民医院检查后，又送往了广州某医院。连续三次入院、两次转院在一定程度上耽误了救治的宝贵时间，影响了救治效果。这表明，该水泥厂在应急处置中并没有根据不同的伤害等级选择处置方式，而是盲目送医。

（七）完整性管理与经验教训的实施

1. 工程技术对策

对篦冷机的人孔门进行上锁，钥匙由车间负责人统一保管，在获得作业许可批准后交给现场作业的负责人。在篦冷机人孔门处悬挂“当心烫伤”的警示标识。

配备高温防护服，对作业人员加强管理，要求作业人员每次进入篦冷机内部作业必须正确穿戴高温防护服等劳动防护用品。

2. 安全教育对策

在事故发生后，该水泥厂在公司范围内开展了安全操作规程以及安全作业常识的学习，着力提高员工安全意识和安全防护能力，并对掌握情况进行了专项检查和考核；针对身边物的不安全状态和人的不安全行为，发动全体员工开展自查和互查活动，杜绝习惯性违章行为。

3. 安全管理对策

对于进入篦冷机检查以及进入窑内检查等作业，最基本的要求是要通风降温、办理作业许可。当作业点温度不能满足作业人员安全要求，或作业点可能接触高温物体时，不得进行作业。

每次进入篦冷机检查前，作业单位认真填写危险作业申请单，参加作业人员按照《危险作业安全管理制度》进行安全承诺签字；各级领导和安全管理人员加强现场监控力度，确保作业安全。

四、类似性质事故收集、阅读

（一）原料磨内一氧化碳中毒事故

2013 年 2 月 27 日 6 时 30 分，某水泥公司窑头点火烘窑，熟料部安排从早上 8 时 30 分开始，由班长柳某、副班长黄某带领王某、雪某、陈某等人将钢球装入粗磨仓内，计划第二天中午 12 时开磨。当天下午 18 时 10 分左右工作人员加完钢球，18 时 20 分副班长黄某让下午上班的巡检工潘某一起关闭磨门，18 时 30 分潘某和王某先后进入粗磨仓，在关闭磨门时，王某中毒倒地，潘某从磨内爬出呼救。听到呼救后，班长柳某、副班长黄某、雪某、陈某、林某 5 人先后进入磨内救人，导致 7 人全部中毒。18 时 46 分该水泥公司调度室接到报告，立即拨打 120 急救电话，19 时 40 分左右伤者全部救出并送往市第一人民医院进行抢救，经急救柳某、黄某、王某、陈某 4 人因有害气体中毒已无生命体征，医院宣布 4 人为院前死亡，潘某、林某转入心血管科治疗。

该次中毒事故的地点是生产线原料磨内，事故的致害物为一氧化碳气体。一氧化碳气体在水泥窑内点火烘窑时产生，通过水泥窑与原料磨之间的管道进入原料磨仓内。

该企业回转窑于 2 月 27 日 6 时 48 分左右开始点火烘窑，水泥窑点火升温期间，由于燃料为烟煤，烟煤在燃烧过程中会产生一定量的一氧化碳气体，加之中控操作人员操作不当导致煤粉没有完全燃烧，一氧化碳气体生成量过多。由于窑尾排风机未打开，系统排风量较小，同时入磨冷风阀未打开，致原料磨仓内一氧化碳气体不能被及时排除，造成了磨内大量一氧化碳的富集，作业人员与抢救人员进入仓内后，吸入高浓度的一氧化碳气体，短时间内即发生中毒。

（二）违规进入给料机致死亡事故

2008年10月23日17时38分，某水泥公司操作员吴某发现入联合储库2228皮带机电流高，主动关停砂岩破碎机波动辊式给料机。17时44分左右，张某在现场发现给料机停机后，只身一人到给料机里检查，并电话询问吴某停机原因。当得知分段电机故障处理好后，张某电话通知电工章某到电力室复位。

17时50分，章某到电力室复位后，通知吴某开机，吴某随即开启给料机。现场等候卸料的司机发现破碎机突然开动，但不见张某身影，便立即将此情形报告了黄某和汪某。二人拨打张某手机，未接通，遂立即四处寻找。18时10分左右，在联合储库找到了张某，公司立即将张某送到县人民医院进行救治，但终因伤势过重不治身亡。

案例2　电收尘器检修室息伤害事故

一、事故经过描述

2009年1月3日20时10分，某水泥厂发生一起由于违反操作规程，未办理作业许可盲目进入电收尘器检修而造成的工伤事故。事故造成1人死亡，4人中毒。

1月3日，某水泥厂计划在110 kV供电线路停电期间对3号窑临停检修。公司于6时47分开始公司内部停电操作，7时10分由10 kV保安电源向各电力室供电，12时31分供电公司线路施工结束开始恢复110 kV线路供电，14时1分总降开始停保安电源，并恢复110 kV线路供电，14时24分恢复向各电力室正常供电。

1月3日4时3分止火停窑，10时37分窑油煤混烧保温，13时26分止火倒送电，14时22分再次点火油煤混烧保温。5时55分停电开始检查，18时41分维修结束对电场进行试压，18时45分左右，环润工段副工段长李某将试压发现的4号电场有放电现象的情况向分厂副厂长疏某汇报，疏某未向公司分管领导汇报，直接安排环润工段人员处理。

19时30分公司环润工段钱某、李某办理停电申请单（操作人陈某，审批人高某)，电仪工段陈某、刘某在现场接地放电结束，李某安排以上两人在外监护。

随后李某、吴某、钱某、何某4人进入3604窑尾电收尘器4号电场（图2-19）检查，此时窑正在油煤混烧保温。10 min左右李某发现何某晕倒，立即施救，并打电话给分厂副厂长。20时10分左右公司中高层干部立即组织施救，同时将窑头熄火，将昏迷人员送往当地医院救治。何某（为制造分厂环润工段收尘巡检工）因抢救无效死亡，另外3人住院观察。

图2-19　窑尾电收尘器4号电场内部状况

二、事故原因分析

（一）直接原因

制造分厂环润工段李某等4人违反公司《电收尘安全操作规程》，未落实危险作业审批制度，在窑较长时间油煤混烧的情况下，没有佩戴防毒面具等劳动防护用品，没有停火直接进入窑尾电收尘器进行检修作业。

（二）间接原因

一是检修人员在检修前对作业现场环境检查不力，没有对电收尘器内气体进行检测、分析，没有采取通风换气措施；二是对检修作业中进入电收尘器等危险作业，未组织制定专门的安全作业方案、相应的安全作业规程和防范措施；三是副厂长疏某在知道电收尘器电场有放电现象的情况下，未向公司领导汇报就擅自安排员工进入电收尘器内作业，存在违章指挥现象。

（三）管理原因

一是企业日常安全管理基础薄弱，检修现场安全监督检查工作缺失。作业时由电仪工段陈某、刘某在外部进行监护，而不是向安全管理部门汇报由后者进行现场监督指导。二是企业安全培训不到位，案例中的所有人员安全知识不足，均未意识到在作业过程中存在一氧化碳中毒窒息的风险。

三、完整性管理分析

（一）风险评估与管理

窑内煤油混燃产生大量的一氧化碳，窑内烟气经过预热器进入增湿塔和（或）生料粉磨系统后，再进入窑尾电收尘器。由于窑尾电收尘器的工作原理和密闭空间的性质，在煤油混燃过程中，窑尾电收尘器始终存在烟气。该起事故发生前，相关作业人员没有清楚地认识到进入窑尾电收尘器作业可能存在一氧化碳中毒窒息的风险，对窑尾电收尘器的风险分析显然是不到位的。

（二）事故隐患

在李某等 4 人进入窑尾电收尘器作业前，窑内较长时间油煤混烧，窑尾电收尘器内的气体中已经含有较高浓度的一氧化碳。李某等 4 人没有佩戴防毒面具，在电收尘器内作业 10 min 以上，这直接导致了事故的发生。窑内停火、打开电收尘器人孔门进行通风、检测电收尘器内氧气和一氧化碳含量、根据氧气和一氧化碳含量确定作业持续时间和佩戴防毒面具等，这一系列的措施能有效保障作业人员的安全，但在该起事故中没有一条措施落实到位。

（三）工程授权

环润工段副工段长李某将试压发现的 4 号电场有放电现象的情况向分厂副厂长疏某汇报，疏某未向公司分管领导汇报，直接安排环润工段人员处理，在这一信息回路中，并无公司分管领导和安全管理部门的工程授权，作业人员没有落实危险作业审批制度。

（四）员工能力与操作规程

制造分厂环润工段李某等 4 人在窑较长时间油煤混烧的情况下，没有采取防护措施，没有穿戴劳动防护用品，直接进入窑头、窑尾电收尘器进行检修作业。分厂副厂长疏某作为分厂分管安全第一责任人，接到李某作业申请后，未按流程向公司分管领导汇报，未组织制定并落实专门的安全作业预案、相应的安全作业规程和防范措施，而是直接安排环润工段人员处理，这表明疏某存在麻痹大意、经验主义的缺点，没有履行安全管理职责，也说明公司相关管理制度的缺少。

李某等 4 人未采取防护措施就进行作业，分厂副厂长疏某未按流程向分管领导汇报而直接安排作业，检修现场安全管理人员监督检查工作缺失，这都表明该厂安全管理制度形同虚设，安全管理混乱。

（五）完整性管理与经验教训的实施

1. 工程技术对策

对于有限空间作业，要严格遵守《工贸企业有限空间作业安全管理与监督暂行规定》等法规要求，落实“先通风、再检测、后作业”的原则。在作业前，采取机械通风、自然通风、气体置换等措施，对有限空间进行通风换气；在作业前 30 min 内进行有害气体检测，检测合格后方可进入；在有限空间作业过程中，企业应当对作业场所中的危险有害因素进行定时检测或者连续监测；作业中断时间超过 30 min 时，作业人员再次进入有限空间作业前，应当重新通风、有害气体检测合格后方可进入。配备防毒面具、空气呼吸器等个体防护装置，并对个体防护装置定期检查。

完善安全标识和警示牌，确保现场安全标识醒目。重要设备和设施及危险区域应在其醒目位置设置警示标识和警示说明，有限空间外部应张贴“禁止入内”警示标识。

2. 安全教育对策

要组织开展风险分析，编制系统的作业安全方案，并将上述内容向作业人员传达，使员工了解各类危险作业中的风险及管控措施。

搜集类似事故案例，对员工进行培训教育，起到警示作用。

加强管理人员安全责任意识的培训，使之了解“一岗双责”的具体含义，并真正落实“一岗双责”。

3. 安全管理对策

落实危险作业审批制度，并认真贯彻落实各项安全措施，验收验证所有措施满足规范要求后，方可进行特种危险作业施工。

各级管理者尤其是主要负责人、分管安全领导、安全管理人员、现场管理人员等，要切实履行好安全管理职责，增强安全管理的责任意识和安全管理的法律风险意识；要经常深入现场，查处各种安全隐患；对于隐患整改不彻底、安全制度执行不力者要坚决查处，切实提高安全管理水平和风险防范能力。

组织员工认真讨论本岗位的不安全因素、操作过程中的不安全行为、岗位安全操作规程中的安全要求。发动员工参与修改完善本岗位的安全操作规程，经审核修订后，予以下发。

四、类似性质事故收集、阅读

2009 年 5 月 4 日 19 时许，福州某水泥公司在制成车间 2 号磨磨头配料仓的矿渣储存仓清理结拱挂料时，矿渣突然坍塌，将正在仓内作业的人员全部掩埋，造成 5 人死亡。

2009 年 5 月 4 日，福州某水泥公司制成车间 2 号磨磨头配料仓的矿渣储存仓因矿渣结拱挂料造成堵料。当日，该水泥公司生产部经理林某带领曹某等 5 人进入仓内清理（没有按规定采取安全防范措施）未果。

4日18时20分左右，在没有水泥公司有关人员陪同的情况下，相关方作业人员王某等人从库顶入仓，并在开机状态下进行人工清料。进仓作业人员均未按规定采取系安全带等安全防护措施。19时左右，因清料引发结拱物料的垮塌，导致仓内矿渣（库内余留物料约有100 t）整体塌陷下沉，参与清库的5人全部被埋库内多时，经全力救援无效后窒息死亡。

相关方有关人员未按水泥公司的规定办理有限空间作业许可证、进仓作业未按规定采取防范措施、在开机状态下进行人工清库等诸多违章行为导致了事故的发生。

案例3　窑头电收尘器触电伤害事故

一、事故经过描述

2009年9月23日，某水泥公司在检修窑头电收尘器时发生一起触电事故，造成1人死亡。

2009年9月22日1时左右，某水泥公司分厂窑头电收尘器外发生火灾事故。灭火后经检查，2号变压器损坏，无法使用，同时损坏的还有部分电缆及2号变压器电缆连接件。该厂遂决定将2号变压器送上海修理，其他变压器均恢复正常工作，同时决定利用25日地区停电的时机，维修被损坏的电缆及电缆连接件。

22日8时左右，分厂副厂长、兼职安全员蒋某，在未通知厂领导、相关部门且未根据该厂制度办理停电作业票的情况下，带领三分厂3名电工，在除2号变压器外，其他部分设备正带电工作（电压58 kV）的情况下，开始维修窑头电收尘器部分电缆及2号变压器电缆连接件。当日未完成工作。

23日8时左右，维修工作继续进行。该厂生产技术部电气工程师来到窑头电收尘器现场查看，但未制止即离开了现场。9时左右，维修工作基本完成。9时25分左右，在无人知道具体原因的情况下，蒋某打开电收尘器顶部检修仓人孔门进入正在工作的电收尘器检修仓内，发现地面有变压器油，遂让其他两名电工给他送些石灰石粉撒在变压器油上，并让其中一名电工进入电收尘器内部给他照明。该电工进入电收尘器内部后，跟在蒋某后面往2号变压器瓷瓶方向走，走了几米后，该电工看见蒋某突然身子一歪，并听到一声响。该电工判断为触电，随即掉头往回跑，并大声呼救。现场人员立即通知电器室断电后，进入电收尘器内部，发现蒋某倒在通道内此前正在工作的对应1号变压器的1号瓷瓶处，背部靠在1号瓷瓶上，头部与1号瓷瓶旁一金属结构相接触，已无知觉。相关人员对蒋某进行现场急救后，立即送往医院，经抢救无效死亡。

二、事故原因分析

（一）直接原因

蒋某明知窑头电收尘器正常工作时，其内部1号变压器高压端带有58 kV高压，在未断电且未采取防护措施的情况下进入电收尘器内部，违章操作，导致触电事故。

（二）间接原因

生产技术部电气工程师在发现蒋某带人擅自进行维修作业后，未进行制止，且未采取足够的安全技术措施；现场作业人员也无人对蒋某等人进入未断电的电收尘器内部进行提醒和劝阻。

相关安全生产制度未得到落实。作业人员未执行电气维修作业相关审批程序，未办理工作票，擅自进行维修作业。

安排维修作业的会议未通知安全部门参加，安全部门未能对维修作业进行监管。

（三）管理原因

对检（维）修作业的许可审批制度落实情况日常监督、检查不到位，公司相关管理制度、规定没有落到实处，员工没有养成遵章守纪的良好习惯。

检（维）修作业管理不到位，检修前的会议没有通知安全部门参加，部门间沟通协调存在问题。

三、完整性管理分析

（一）风险评估与管理

在该次作业前没有进行风险评估，也没有安全部门指导帮助其完成，导致作业人员对作业中可能存在的具体风险认识不清。同时，生产技术部电气工程师发现蒋某等人的作业行为后没有及时制止并指导完善安全防护措施；蒋某进入正在工作的电收尘器检修仓内，让其中一名电工进入电收尘器内部给他照明时，该电工没有立即对蒋某进行劝阻，而是听从其指令进入电收尘器。这都说明相关人员对作业风险的认识不清，在前期的安全管理中风险评估管理不到位。

（二）事故隐患

蒋某等人对2号变压机器窑头电收尘器部分电缆及2号变压器电缆连接件进行检修，并进入电收尘器内部，此时除2号变压器外，其他部分设备均正带电工作（电压58 kV），其他带电工作的设备成为事故隐患。

（三）工程授权

分厂副厂长、兼职安全员带领三分厂3名电工作业，未通知厂领导、相关部门，未取得正式的工程授权。工程授权不仅仅是相关领导确定作业人员和作业任务，更重要的是在授权的过程中提醒作业人员应注意的危险和应落实的安全措施。由于该次作业没有申请工程授权（作业许可），因此相关领导、安全管理人员不能对作业进行有效的指导。

（四）员工能力与操作规程

作业现场负责人是分厂副厂长，理应具备一定的风险辨识能力，对作业中存在的风险应当有较清晰的认识，但是由于盲目自信，导致安全措施落实不到位。相关作业人员都不具备足够的风险辨识能力，没有认识到周围设备带电运行对检修作业构成的威胁。

（五）完整性管理与经验教训的实施

1. 工程技术对策

对现场有限空间的人孔门进行上锁，根据有限空间的危险程度，对有限空间进行分级管理，在办理作业许可时将人孔门的钥匙交给作业负责人；对现场的设备设施实行能量隔离，“一人一锁一能量”，进入设备内部之前必须先解除能量，并挂牌上锁。

2. 安全教育对策

风险评估工作是一项基础性工作，风险管理的好坏不仅仅靠作业前的评估，更多的是靠前期所积累的经验和知识。进入带电设备内作业，存在安全隐患，必须在确保安全的情况下才能开展作业。公司必须加强对员工风险意识的培训，增强员工对“三违”行为的理解，要敢于在“三违”行为面前说“不”。

3. 安全管理对策

检（维）修作业时，不仅要对检修对象制定断电、挂牌、验证程序，而且要对可能对检修作业造成影响的设备采取必要的安全防护措施。

工程授权（作业许可）是进行作业的必要条件。按规定取得工程授权，能够保证在作业人员进行风险评估与管理的基础上，由上级领导再次进行完善；对于作业人员不能解决的问题，由上级领导进行协调解决。通过工程授权，还能够明确相关作业人员的分工和职责，从而为作业提供安全保障。

四、类似性质事故收集、阅读

2006 年 12 月 29 日下午，某水泥熟料制造分厂维修工段电焊工陶某、艾某在三线原料磨选粉机内加固叶片作业时，因原料磨调试需要，将原料磨本体设备及选粉机开启，造成了一起 1 死 1 伤事故。

2006 年 12 月 29 日 15 时左右，因三线原料磨调试需要，装备部唐某通知自动化所职员陆某把原料磨系统设备都开起来，陆某随即通知中央控制室自动化所职员李某把原料磨本体设备开起来。李某问陆某原料磨选粉机能不能开，陆某说要问一下唐某。经询问后，唐某说可以开机，随即陆某通知李某将选粉机开机。李某问陆某原料磨回转阀能否开机，陆某说回转阀有人干活不能开机。李某在选粉机循环泵开机条件满足的情况下，于 15 时 9 分开启了选粉机循环泵和选粉机。而此时制造分厂维修工段安排电焊工陶某、艾某两人在原料磨选粉机内加固叶片。在选粉机平台作业的委托单位安装人员听见选粉机内有异音，且人孔门有一根焊机电线，估计有人作业，于是一边喊叫，一边急忙让旁边的该安装公司工人韩某按下急停按钮，15 时 10 分选粉机停机。陶某、艾某两人被旋转的转子撞击。该公司领导、生产处接到电话后，迅速组织人员将伤者送往当地医院实施抢救，陶某终因伤势过重经抢救无效后死亡，艾某身受重伤，双手被高位截肢，在医院治疗。

第五节 设计安装与设备材料

本质安全，是指通过设计等手段使生产设备或生产系统本身具有安全性，即使在误操作或发生故障的情况下也不会造成事故的功能。水泥生产企业要实现本质安全，就要从工艺设计、物料选择、设计中危险物质数量以及操作条件等方面来具体考虑，尤其是工艺设计方面。

设计工艺和设备时往往要满足一定的操作条件，管理者和操作者需要知道安全操作的极限值，以及超出这些极限值所造成的后果。如果水泥企业的生产工艺、设备设施在运行过程中不会出现问题，就能减少很多检（维）修作业、危险作业等，降低事故的发生率。

同样，设备设施所使用的材料也与生产安全有关，如果设备设施、工具、附件有缺陷，或材料不合格，也可能造成生产设备事故，甚至可能造成人身伤害事故。

本节描述的事故主要是由于生产工艺设计不合理或设备、设施安装过程中没有遵循现行的法律、法规、标准，或是设备、设施使用的材料不合格等造成的。

案例 1 水泥原料库坍塌伤人事故

一、事故经过描述

某水泥厂水泥原料库于 2002 年 4 月开工建设，2003 年 9 月工程竣工，10 月投入试运行。2004 年 1 月 10 日 15 时 50 分左右，3 号石子原料仓面向车间控制室的墙体突然发生崩塌，大量水泥原料（石子）瞬时倾泻而下，致使控制室内4名工作人员当场死亡，造成了较大生产安全事故。

事故发生后，当地各级政府迅速派出调查组，从建设、设计、施工及使用等多方面展开全面调查，以查明事故发生的原因。

（一）建设程序

该工程属于典型的“三无”（无地质勘探报告、无正规设计图纸、施工单位无资质）工程，施工中无任何工程质量保证资料，建设、设计及施工技术负责人均为同一人，严重违反国家正常基建程序，工程竣工后在未进行正常压仓试验的情况下即投入使用。

（二）设计简况

设计施工图纸简单粗糙（手工绘制的草图）且很不完整，根本不具备用于施工的最基本要求。从仅存的几张草图和现场勘验来看，该工程为由7个矩形筒构成的单排群仓，砖混结构，单仓平面尺寸5.5 m×6.5 m，净高10.0 m，设计最大仓容量500 t，属深仓类结构。砖墙厚370 mm，采用MU10机制黏土砖和M10混合砂浆砌筑；沿高度每2 m布置一道钢筋混凝土圈梁，其断面尺寸为370 mm×300 mm，纵筋配置为4Φ12和6Φ12两种类型，箍筋配置均为Φ6@200；纵横墙交接处均布置钢筋混凝土构造柱，构造柱截面尺寸为370 mm×370 mm，纵筋配置4Φ12，箍筋配置Φ6@200；结构混凝土设计强度等级为C20。

（三）倒塌特征

倒塌墙体由中部从东北向西南倾倒，中部以上未倒塌墙体明显错位外倾，圈梁钢筋颈缩拉断，构造柱钢筋拔出，现场未发现因基础破坏形成的就地坐塌。据现场目击者反映，事故发生前，倒塌墙体中部首先出现一条较宽较长的竖向裂缝，至完全倒塌仅历时数分钟。倒塌墙体示意图如图2-20所示。

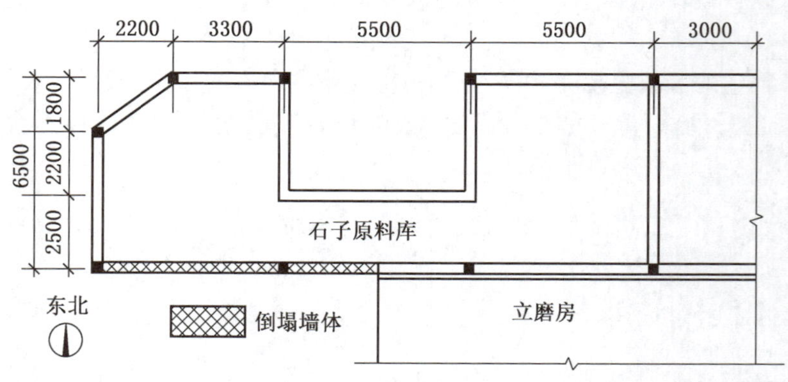

图2-20 倒塌墙体示意图

（四）结构复核

1. 按原图纸结构布置进行复核

依据委托方提供的设计草图，参照《钢筋混凝土筒仓设计规范》（GB 50077—2003）和《砌体结构设计规范》（GB 50003—2011），按独立单体仓作为计算单元。计算参数：矩形筒仓平面几何尺寸 5. 11 m×5. 81 m（内侧尺寸），投料高度 10. 0 m，仓壁厚 370 mm；储存物料—水泥生料（石灰石、石子）；MU10 黏土砖，砌筑砂浆强度等级 M10；结构混凝土强度等级 C20，钢筋Ⅱ级。复核结果表明，在仓料水平荷载作用下，仓壁弯曲应力和水平拉应力基本满足承载力要求。

2. 按现场实际结构布置进行复核

根据现场实际结构布置形式，该工程石子原料仓共由 3 个单仓构成。从倒塌现场看，各仓之间相通，仓间未发现有内墙及圈梁拉结，从而造成仓壁计算跨度加大（仓壁原设计跨度 5. 5 m，而实际跨度为 16. 5 m）。经复核，在仓料水平荷载作用下，仓壁弯曲应力大大增加，造成抗力严重不足。

从现场清理出来的废墟看，砌体砌筑质量粗劣且不规范，主要表现在：①砂浆饱满度不足，砌块之间界面齐整干净，砂浆黏结性能差，存在干砌砖的现象；②钢筋混凝土构件中钢筋搭接长度不足，直径 12 mm，钢筋搭接长度仅为 420 mm，不满足规范要求（规范规定不小于 50 倍钢筋直径），且搭接接头在同一断面上；③构造柱与墙体之间未设置拉结筋。施工质量粗劣、不规范，进一步降低了结构的安全可靠度。

二、事故原因分析

（一）直接原因

在仓料水平荷载作用下，仓壁弯曲应力严重不足，致使墙体平面外失稳破坏，引起墙体坍塌。

（二）间接原因

1. 结构选型不当

首先对于库容量较大的深仓，应选用受力性能良好的圆形筒仓，矩形群仓受力复杂。在相同仓容量情况下，圆形筒仓和矩形仓仓壁所承受的水平拉应力大体上是相当的，而矩形仓在承受水平拉应力的同时，还要承受一定的平面外附加弯曲应力作用；其次大库容的深仓应优先选用钢筋混凝土结构，如选用砖混结构，则应具有足够的构造措施，并应对其做精确结构计算。从事故现场勘察看，该工程所具有的构造措施不满足规范要求。

2. 施工中对设计方案进行了变更

该工程石子原料仓共由 3 个单仓构成，从倒塌现场看，施工中对原结构进行了变更，各仓之间相通，仓间未设内墙及圈梁拉结，造成仓壁计算跨度加大了3倍，在仓料水平荷载作用下，仓壁所承受的弯曲应力大大增加，造成抗力严重不足，致使墙体平面外失稳破坏。

3. 安全储备严重不足以及施工质量低劣

该工程从出现破坏先兆到倒塌事故的发生持续时间很短，表明设计基本没有经过严格计算，结构安全储备严重不足。事故后对砌体进行检查、分析发现，砌体砌筑质量粗劣且不规范。

（三）管理原因

建设项目管理不规范，没有选择正规的设计、施工单位开展建设工作，而是由同一人负责。验收管理存在重大漏洞，工程竣工后在未进行正常压仓试验的情况下即投入使用，严重违反国家正常基建程序。

三、完整性管理分析

（一）风险评估与管理

该水泥公司负责人及施工方的相关责任人安全意识极为淡薄，没有开展风险评估，对设计、施工不规范可能导致的风险认识极不到位。在设计、施工阶段只考虑了经济因素，完全忽视了安全。

（二）变更管理

施工中对设计方案进行了变更，将原设计图纸中的单仓改为了多仓（各仓之间相通），而没有重新对载荷、仓壁弯曲应力、拉应力等进行计算，导致墙体实际抗压力远远达不到要求。

设计方案一经双方确定，不得随意更改。一方确需修改的，应提出修改的原因、证据，经原设计单位通过计算后做出设计变更。在此过程中，双方均应坚持原则，对于不合理的建议和要求，坚决不予接受。

（三）设备完整性

在砌筑墙体前，设计基本没有经过科学计算，结构安全储备严重不足。施工过程中，砂浆质量、钢筋混凝土结构中钢筋搭接长度和搭接方式等均不符合要求，造成了墙体质量差、结构安全可靠度低，即设备完整性不足。

（四）完整性管理与经验教训的实施

1. 工程技术对策

建设单位在进行项目招投标时一定要选择有施工资质的单位，工程设计应由有相应资质的设计单位设计，施工单位应严格按照施工规范和设计图纸要求进行施工；工程施工中严禁随意改变结构受力体系和使用功能，确实需要改变的应由原设计单位通过计算后做出设计变更；监理单位、政府质检机构通过对施工时的过程控制严把工程质量关，切实做好竣工验收及备案工作。

2. 安全教育对策

企业的主要负责人、安全生产管理人员应当按照《生产经营单位安全培训规定》规定的培训内容、培训时间等接受安全培训，具备与所从事的生产经营活动相适应的安全生产知识和管理能力。生产经营单位应当根据工作性质对其他从业人员进行安全培训，保证其具备本岗位安全操作、应急处置等知识和技能。

3. 安全管理对策

公司应加强对承包商、承租方的管理，严把入门关，杜绝无资质的承包商、承租方进入公司作业。

四、类似性质事故收集、阅读

（一）三次风管积灰塌料伤人事故

2007 年 7 月 12 日上午，某水泥厂因篦冷机破碎锤头质量不过关，必须维修更换。烧成车间按计划要求停窑检修，黄某与罗某进行作业。在检修过程中，三次风管突发瞬时塌料，造成篦冷机大量高温粉尘外冒，导致黄某从检修平台跳下，罗某全身衣服着火跑出来滚倒在地。事故发生后，伤者立即被送往医院抢救。黄某左脚跟粉碎性骨折；罗某烧伤面积达 96%，伤势过重，经抢救无效死亡。

据分析，该企业的三次风管存在设计隐患：回转窑烧成系统三次风管设计角度过大，几何角度达到 23°；下端入回转窑口（距地面 15 m）与上端入分解炉口（距地面 40 m）的高度落差较大；管长约 50 余米，无法对管内的煅烧积尘情况进行检查。国内 5000 t/d 新型干法水泥熟料生产线三次风管进行如此设计的仅有该公司一家。广东省某安全事务所经安全评估工作后明确指出，该风管未设置防止积尘的设施，不符合《水泥工厂设计规范》的相关规定，容易发生积尘塌料伤人事故。该次事故正是因为三次风管内突发塌料引起大量煅烧积尘冲入篦冷机，继而引发生产安全事故。

（二）电机联轴器防护罩飞起伤人事故

生料车间新线夜班开机，发现选粉机电机不能转动，班长龚某通知电工和维护人员检修。电工黄某检修完毕，接通电源试机，然后他又关闭了电源，要求检查一下选粉机转向是否正确。

当班员工马某走到选粉机顶部，由于防护罩遮挡，加上夜间光线暗，马某看不清电机转向，于是移开电机联轴器的防护罩试图察看电机转向。这时防护罩支架碰到了因惯性转动的联轴器，支架被联轴器卷入，防护罩被带动迅速旋转，转动的罩壳迅速击中了马某的头部，致其头颅破裂，当即死亡。事故电机联轴器防护罩和被卷的防护罩脚如图 2-21 和图 2-22 所示。

图 2-21 事故电机联轴器防护罩

图 2-22 被卷的防护罩脚

由于电机联轴器另一端是减速器，减速器带动的是选粉机的主轴和巨大的风叶，因此在电机停电停止转动之后，联轴器还会在较长时间里被风叶旋转惯性带着转动，即使转动速度慢，力矩也很大。

案例 2 熟料发运码头皮带传送廊桥坠落事故

一、事故经过描述

2015 年 10 月 6 日，某水泥公司熟料发运码头在提升传送廊桥作业过程中发生一起起重伤害事故，造成 5 名工人死亡、4 名工人受伤。事故现场如图

2-23 所示。

图 2-23　事故现场

事故发生地点位于某水泥公司临江三段式皮带传送廊桥，该廊桥用于水泥和熟料运出。三段式皮带传送廊桥系统通过建筑于江面的两座吊楼内的升降系统调节高度，并与皮带转运趸船配合，以适应长江水位变化。

2015 年 10 月 6 日，因长江水位上升，为防止装运码头趸船倾覆，急需上升皮带廊道。根据该情况，公司水泥分厂召开早会部署廊桥提升作业，并安排发运工段副工段长胡某（已死亡）负责现场指挥。胡某带领本单位职工熊某、凌某两名工人及另一人力资源公司派驻该公司的孟某、张某、何某、赵某、吴某、陈某 6 名工人进行发运码头皮带传送廊桥提升调整作业。上午 8~11 时，他们将 2 号吊楼廊桥一段（离主航道远端）提升完毕，接着对另一端 1 号吊楼廊桥进行提升。

6 日 11 时 8 分，胡某站在廊桥平台上负责起吊作业指挥，并操作卷扬机，孟某、熊某、何某、吴某等 4 人分别站在廊桥平台四角处负责观察吊笼导向轮是否脱轨等情况。陈某、凌某、张某、赵某等 4 人分别站在廊桥下端吊笼提升平台四角处，负责观察吊笼升降平台伸缩腿是否正常伸腿在牛腿上。待廊桥提升至距牛腿工作面 30~40 cm 时，吊笼升降平台突然脱落，廊桥一段及吊笼升降平台坠入江中，致使站立在廊桥和吊笼升降平台上的 9 名人员全部落水。正常连接状态下的连杆与平台如图 2-24 所示。连杆与平台脱落后的状态如图 2-25 所示。

事故发生后，发运码头靠泊货船的船员和周边工人自发投入抢救，先后将赵某、吴某、陈某、凌某等 4 名工人抢救上岸并由公司送往医院救治。当地安监局接报后，调派公安、海事等人员使用专业工具进行抢救，在 10 月 7 日中午前将 5 名遇难者遗体打捞出水。

图 2-24 正常连接状态下的连杆与平台

图 2-25 连杆与平台脱落后的状态

二、事故原因分析

（一）直接原因

2 号吊楼内吊笼的吊杆支柱与法兰盘连接处 8 块三角加强平角焊部位和吊杆支柱与法兰盘垂直管板焊接强度不够，同时焊接处受长时间的腐蚀和金属疲劳影响，在该吊笼上升的载荷作用下吊杆支柱与法兰盘焊缝处整体断裂脱落，致使廊桥一段及吊笼升降平台坠入江中，站立在上面的 9 名工人全部落水。

（二）间接原因

（1）水泥公司在提升廊桥作业前没有编制工作方案，没有制定技术措施和组织措施。在该次提升吊装作业前，未对上岗的 9 名操作人员进行专项安全技术交底。

（2）水泥公司未向临水作业的胡某等 9 名作业人员配备和发放救生衣，并督促工人在水上作业时正确穿戴。

（3）水泥公司未对起重设备进行仔细检查，没有及时排查和消除吊楼的吊笼吊杆支柱与法兰盘焊接处和吊杆支柱与法兰盘垂直管板焊接处存在的焊接强度不够、年久失修、金属疲劳等安全隐患。

（4）该水泥公司在进行吊装作业时，没有设置专职指挥工、安全监护人员，副工段长胡某既是起吊机具操作工，又是指挥工、安全监护人和现场管理人，身兼数职，不能履行好现场安全监管工作。

（三）管理原因

（1）该公司没有严格督促胡某等作业人员执行公司的吊装、高空作业等的安全生产规章制度和安全操作规程，导致工人违章冒险作业。事故发生时，落水的 9 名人员均未按规定系挂好安全带，且站立在移动的吊笼升降平台上面作业。

（2）该公司未将一起作业的人力资源公司派驻该公司的孟某等 6 名派遣员工纳入本单位从业人员统一管理，未对他们进行岗位安全操作规程和安全操作技能的教育培训。

（3）该水泥公司现有干部职工 340 余人，但公司未按照《安全生产法》规定设置安全管理机构，配备专职安全管理人员，仅由生产技术处李某一人兼职公司日常安全管理工作。安全、技术、生产工作缺乏制约，未形成安全监督机制。

三、完整性管理分析

（一）风险评估与管理

2 号吊楼内吊笼使用卷扬机升降，虽卷扬机属于起重设备中的非特种设备，但由于该案例中所使用的卷扬机日常吊装重量较大。因此，企业应本着从严要求、从严管理的原则，参照特种设备管理标准和规范对其进行管理。设备安装前进行规范设计，安装后进行细致验收。对吊笼安装完成后的验收应当是在风险评估的基础上进行的，而科学的风险评估应当考虑所有可能影响设备性能、安全性的因素。如果对 2 号吊楼内的吊笼进行了风险评估，在验收时就有针对性，但是由于没有开展风险评估，使得验收检查不全面，导致吊杆支柱与法兰盘连接处 8 块三角加强平角焊部位和吊杆支柱与法兰盘垂直管板焊接强度不够等问题没有被发现并及时整改。

日常维护保养、作业前进行全面安全检查是落实风险管理、实现风险预控的必要措施。由于日常维护保养不到位和没有进行作业前的检查，因此直到事故发生时也无人察觉设备的隐患。

作业前的风险分析、安全交底不到位，作业人员不能清楚地了解作业过程中可能产生的风险，导致事故发生时不能很好地应对。

（二）事故隐患

2 号吊楼内的吊笼吊杆支柱与法兰盘连接处 8 块三角加强平角焊部位和吊杆支柱与法兰盘垂直管板焊接强度不够，对焊接处的日常维护保养不到位，加上长时间的腐蚀和金属疲劳致使其起重能力下降，这都给吊装作业带来了安全隐患。

（三）设备完整性

保障作业安全的前提是设备完整性良好，安全性能符合要求。2 号吊楼吊笼安装、验收、日常保养不到位，造成设备性能降低，其实际承载能力远低于设计能力。

（四）应急响应

由于吊装作业是在水面上方进行的，在作业过程中始终伴随着人员落水的风险，因此，救生衣对作业人员来说是基本的个体应急装备。如果该起事故中的作业人员都穿戴了救生衣，那么作业人员落水后淹溺的可能性会极大降低；同时，有了救生衣的保护，被物体砸伤的严重程度也会降低，事故的严重程度很可能也会降低。

在应急救援设备和救援能力方面，该企业也严重欠缺，专业的救援行动不能及时展开，只能依靠当地安监局接报后调派公安、海事等人员使用专业工具开展，这就错过了救援的最佳时机。事故救援时间多一分钟、多一秒钟，都可能会使受害者的伤情无限地扩大。

（五）完整性管理与经验教训的实施

1. 工程技术对策

对于卷扬机、吊笼及相关设施的日常检查和维护保养，应参照《起重机械安全规程　第 1 部分：总则》（GB 6067.1—2010）定期开展，制定详细的检查表，综合采用仪器检测、直接观察等方法进行全面、细致的检查。

规范设备设施安装后的验收工作，验收工作由专业技术人员严格按照《机械设备安装工程施工及验收通用规范》（GB 50231—2009）开展，使用符合国家、行业标准的计量和检测器具、仪器、仪表和设备，保证验收结果的准确性。

对码头、工厂所有的设备、设施进行安全检查，发现隐患立即整改。

2. 安全教育对策

对员工开展隐患排查、风险辨识的培训，增强员工发现隐患、辨识风险的能力。将相关方的作业人员纳入本单位从业人员统一管理，作业前对所有参与作业的人员进行岗位安全操作规程和安全操作技能的培训。

3. 安全管理对策

设置安全管理机构，足额配备专职安全管理人员。

吊装作业前开展风险评估，对作业人员进行安全交底，为作业人员配备必要的防护、应急装备，并指导、监督作业人员正确使用。

完善应急管理，配备必要的应急救援器材，定期检查，确保其完好。临水作业时还应配备救生衣，并督促工人在水上作业时正确穿戴，必要时还应要求水上作业人员必须具备游泳技能。建立专兼职的应急救援队伍，制定日常训练计划，提高救援队伍的专业救援能力。制定水上应急救援预案并定期演练，提高员工应急救援能力，筑好安全的最后一道防线，必要时邀请应急协作单位一起进行应急演练。

四、类似性质事故收集、阅读

（一）生料均化库生料粉外泄致死亡事故

2006 年 1 月 20 日 18 时 3 分，某水泥厂 1 号生料均化库出现大量生料粉外泄现象，一线工段段长助理葛某与工段长马某立即赶赴现场分别查看情况。在距生料库大门 10 m 处，葛某不慎被突然外泄的大量生料粉冲倒并淹没，巡检电工赖某发现后立即喊来附近员工紧急抢救，约 5 min 后众人将葛某救出生料堆并立即进行人工呼吸，同时安排车辆紧急送往当地某医院抢救，最终因抢救无效死亡。该次事故导致 1 号窑系统从当日 18 时 37 分停窑至 1 月 21 日 22 时恢复生产，共停窑 27.4 h。期间，生料粉外泄持续时间约 34 min，生料库料位由 26 m 骤降为 20.4 m 左右，共外泄生料约 2000 t。损坏的泄料口接料箱如图 2-26 所示。

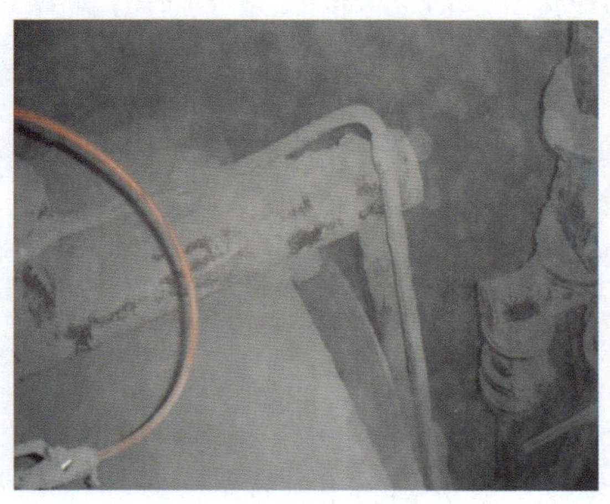

图 2-26 损坏的泄料口接料箱

1月20日23时左右，公司事故调查组对1号生料库进行了现场勘察，发现1号生料均化库七组卸料中的2区出库预埋件与斜槽过渡连接为非标箱体，安装不规范、监理不到位，导致两道焊缝爆裂，大量生料粉外泄。事故造成正在生料库外围查看情况的制造分厂一线工段段长助理葛某不慎被急剧涌出的生料粉冲倒并埋没，经医院抢救无效死亡。事故现场如图2-27所示。

图2-27 生料粉外泄现场

（二）电器线路接线不规范致触电死亡事故

2006年5月3日7时，某水泥公司余热发电项目施工现场用反铲开挖汽轮机室外汽管支架J-4基础，当开挖至-0.7 m时发现坑底冒水，经确认为地下水管漏水。项目部立即调2台潜水泵抽水。由于水管尚未露出水面，坑内积水无法排除，于是用反铲在冒水点旁边开挖了一个深约1.2 m、宽1 m、长1.5 m的积水坑重新抽水。当积水降至-0.7 m后，现场作业人员廖某下到基坑用石块等物堵压水管破口处。约9时50分当廖某堵完破口往上爬时，不慎滑倒跌入积水坑中，造成身体触电（后经查为潜水泵漏电）。现场人员立即将廖某救出，并送往当地医院，经抢救无效于11时50分死亡。

经过对事故现场的勘察分析认为，电工接线不规范、配电柜内未装设漏电保护器是事故发生的直接原因。作业人员廖某在没有关闭电源的情况下冒险违章操作，是事故发生的间接原因。

事故说明，公司项目部在安全管理方面存在严重不足，现场管理人员思想麻痹，安全管理松懈；项目经理对现场安全工作没抓落实，尤其是对现场临时用电管理不到位；没有根据用电规范在开关柜装设漏电保护器，在使用电器之前没有做安全检查，动用电气设备时没按要求先关闭电源。

案例 3 分解炉顶部拱顶部位浇注料垮塌

一、事故经过描述

2008 年 4 月 13 日 5 时 40 分，某水泥公司分解炉顶部拱顶部位浇注料突然整体垮塌约 15 m^2，将在距垮塌部位约 50 m 高的分解炉锥部施工的 7 名作业人员砸伤，造成 3 人死亡、4 人受伤的安全事故。

2008 年 4 月 9 日 20 时 38 分，该水泥厂万吨线按计划停窑检修，原计划于 14 日 4 时点火。主要检修任务是对 31.3 m 红窑处换砖和分解炉锥部斜坡浇注料剥落部位进行重新浇注。耐火材料施工由委托单位负责。4 月 12 日 20 时许，7 名委托单位员工进入分解炉锥部作业。分解炉拱顶部位如图 2-28 所示，分解炉拱顶内部浇注料大面积垮塌如图 2-29 所示。

图 2-28 分解炉拱顶部位

图 2-29 分解炉拱顶内部浇注料大面积垮塌

4 月 13 日 5 时 40 分左右，该水泥厂负责窑外的夜班值班人员（中控操作员）马某到现场进行例行检查，当走到广场窑中时听到窑内“砰”的一声响，接着发现窑中人孔门有灰涌出，随后听到窑内有人呼救。马某快速跑到距离自己最近的窑头，看到有人从窑内向外跑，问发生了什么事，有人说窑尾上面往下塌料，马某立即向窑尾跑。当跑到三楼平台时，看到委托单位夜班现场负责的队长黄某在现场救人，并看到 3 名受伤人员被抬到三楼平台。马某立即打电话向公司生产值班调度员叶某汇报，叶某接到电话后立即打电话给值班车辆驾驶员要求其组织施救，并通知值班领导生产处副处长季某组织人员到现场抢救，同时向公司领导做了汇报。5 时 50 分左右公司领导陈某、何某、王某、章某等赶到现场。几分钟后，又从窑尾处陆续抢救出 4 名受伤人员。7 名受伤人员分乘三辆车被火速送往当地县医院抢救，其中 3 人因伤势过重，抢救无效死亡。

根据当地市安监局要求，由合肥水泥研究设计院专家牵头组成的该水泥厂万吨线分解炉顶部浇注料垮塌事故调查技术专家组，按照事故调查大纲的要求，对现场进行勘察、测量、取样、拍照、录像，并查阅设计、竣工、生产、维护以及国家标准等相关资料，同时委托国家授权的安徽省皖西南产品质量监督检验中心对取证材料进行检验。根据收集的材料、检验报告，以及与该水泥厂、安装单位、监理公司、天津水泥工业设计研究院有限公司等相关单位座谈，专家组成员进行充分研讨，形成了技术分析报告。浇注料垮塌部位自投产以来运行工况良好，未进行过耐火材料的更换、修补。但由于施工所用锚固件的材质严重偏离设计要求（设计要求耐高温侵蚀氧化的锚固件的主要成分 Ni 含量为 35%，实际检测含量分别为 6.87%、7.08%），导致锚固件在正常工作温度下烧蚀、氧化、断裂。

脱焊断裂的锚固件如图 2-30 所示。浇注料中已严重烧蚀、氧化的锚固件如图 2-31 所示。

这是一起由于施工单位违反施工合同用料、偷工减料，业主及监理单位验收把关不严，工程相关部室合同管理、执行不到位，施工作业人员自我防范意识不强，耐火材料维修施工安全管理不到位，所造成的重大安全责任事故。

通过调查核实，充分暴露出该公司基础管理不实，制度执行、现场管理与监控、安全培训不力，干部责任心不到位的问题。具体分析如下：

1. 集团公司装备部

在安装施工合同签订后，装备部对业主公司指导不力，缺乏合同执行过程中的检查与督促，对项目的竣工验收把关不严，未能及时发现施工质量缺陷，给工程留下安全隐患。

图 2-30　脱焊断裂的锚固件

图 2-31　浇注料中已严重烧蚀、氧化的锚固件

2. 集团公司工程技术部

施工过程中，工程部对监理单位的履职管理不到位，对隐蔽工程的施工验收不规范，施工中使用了不合格材料，使用的锚固件质量存在缺陷、使用寿命下降。

3. 委托单位

施工前委托单位项目部没有编制详细的施工安全技术方案和安全措施，没有及时召开安全专题会布置安全施工要点、落实安全防范措施；没有对施工时间、地点、任务、人员安排、工器具、安全、责任等内容进行明确，管理较为粗放。

委托单位对职员的安全教育流于形式，安全培训不到位，员工安全技能差。

公司虽然制定了《烟道内施工安全操作规程》，但进入危险区域施工作业时，没有严格执行相关安全操作规程；员工自身安全防护意识不强，进入分解炉内部之前未对作业区进行全面的隐患排查，导致分解炉顶部隐患未被及时发现。

在窑尾烟室等危险作业场所施工时，安全防范措施落实不到位。因为委托单位设在该水泥厂的仓库内没有安全带存量，所以分解炉耐火材料施工班班长朱某临时到该水泥厂仓库借了 3 根，向当地劳务队借了 2 根，到别的地方找了 3 根，凑齐了 8 根。4 月 12 日 20 时许，施工人员进入分解炉施工现场对分解炉底部斜坡部位进行打浇注料施工作业。委托单位在施工期间没有对脚手架、防护网等搭设情况提出任何意见，架子搭好后也没有组织共同验收，安全防护不可靠。

在施工过程中，委托单位没有明确现场监护人员在现场对危险作业进行检查指导和监控，分解炉顶部浇注料预裂、垮塌预兆未被发现。

4. 水泥厂

对耐火材料检查不仔细，检查台账不完善，耐火材料施工前作业人员检查不到位，没有及时发现分解炉顶部和两侧竖墙浇注料的脱落，拱顶部位浇注料存在脱空的安全隐患。4 月 11 日上午，该水泥厂组织作业人员胡某、孔某、季某、朱某 4 人对万吨线分解炉炉内耐火材料状况进行例行检查，形成检查报告报本次耐火材料检修小组副组长王某签字同意。从检查报告看，分解炉顶部、侧墙垮落等情况在检查报告中没有记录，说明检查人员工作不认真。检查方法也较简单，只是在人孔门外通过肉眼向炉内观察判断，判断缺乏科学依据。

在 4 月 11 日预热器一级筒北侧伞顶浇注料出现大面积垮落后，没有举一反三，没有及时安排类似部位耐火材料的检查和制定相应的检查验证措施。

在耐火材料维修施工过程中，对施工作业安全监管不力，对委托单位施工人员的作业场所隐患查处不力。4 月 11 日晚，该水泥厂钱某等 6 人接到通知，晚饭后准备钢管、扣件、跳板等材料到万吨线预热器 3 楼搭建脚手架。18 时 30 分开始搭建，脚手架钢管从预热器三层人孔门穿过，向上搭建立体柱状结构的施工平台，总高度约 6 m，共 3 层，每层铺有跳板，但未铺竹夹板，上、下部也未搭建防护网。21 时 30 分左右搭建完毕。4 月 12 日上午，该水泥厂制造分厂作业人员胡某等 4 人对脚手架搭建情况和质量进行检查，并用手电筒在 3 层平台向上照看，对脚手架搭建质量和形状等均没有提出整改意见。

检修作业时，没有制定针对性的施工方案和安全防范措施，检修组织不严密，管理不到位。该次检修，只是电话通知委托单位，没有发文字函件，也未召开专题会进行安全落实和技术交底。

在万吨线基建安装时，对工程管理不到位，对锚固件的材质检验和焊接验收把关不严，为该生产线的后期运行留下安全隐患。

事故共造成该水泥厂万吨线延期停窑 282 h 18 min，按平均每小时 430 t 熟料计算，共影响熟料产量 121389 t，按熟料含税销售价每吨 260 元估算，直接经济损失 3156 万元。

该起事故发生后，虽然采取了大量的说教和安抚工作，但是对委托单位参与该检修项目的人员精神上仍产生很大的压力，并出现了恐惧心理，该项目一度处于停工状态；同时对该委托单位所承担的其他维修项目产生了消极影响，造成该委托单位施工人员短缺，施工组织困难。

二、事故原因分析

（一）直接原因

基建施工单位违反施工合同用料，偷工减料，施工中使用了不合格材料，造成锚固件出现焊接缺陷、使用寿命下降。

（二）间接原因

在施工过程中，委托单位没有明确现场监护人员在现场对危险作业进行检查指导和监控，分解炉顶部浇注料预裂、垮塌预兆未被发现。安全防范措施落实不到位，脚手架搭建质量和形状不合理，未铺竹夹板，上、下部也未搭建防护网，导致塌落的浇注料在下落过程中没有足够的缓冲，下方其他委托单位作业人员不能迅速逃离，加重了伤亡程度。

该水泥厂组织作业人员胡某、孔某、季某、朱某 4 人对万吨线分解炉炉内耐火材料状况进行例行检查，分解炉顶部、侧墙垮落等情况在检查报告中没有记录，说明检查人员工作不认真。检查方法也较简单，只是在人孔门外通过肉眼向炉内观察判断，判断缺乏科学依据。耐火材料施工前作业人员检查不到位，没有及时发现分解炉顶部和两侧竖墙浇注料的脱落，拱顶部位浇注料存在脱空的安全隐患。

（三）管理原因

集团公司装备部对该水泥厂指导不力，缺乏合同执行过程中的检查与督促、项目的竣工验收把关不严，对施工质量缺陷不能够及时发现，给工程留下安全隐患。

集团公司工程部对监理单位的履职管理不到位，对隐蔽工程的施工验收不规范，施工中使用了不合格材料，使用的锚固件质量存在缺陷、使用寿命下降。

委托单位项目部施工前没有编制详细的施工安全技术方案和安全措施，没有及时召开安全专题会布置安全施工要点、落实安全防范措施；没有对施工时间、地点、任务、人员安排、工器具、安全、责任等内容进行明确，管理较为粗放；委托单位虽然制定了《烟道内施工安全操作规程》，但进入危险区域施工作业时，没有严格执行相关安全规程；对员工的安全教育流于形式，安全培训不到位，进入分解炉内部之前未对作业区进行全面的隐患排查，导致分解炉顶部隐患未被及时发现。

该水泥厂在 4 月 11 日一级筒北侧伞顶浇注料出现大面积垮落后，没有举一反三，没有及时安排类似部位耐火材料的检查和制定相应的检查验证措施；在耐火材料维修施工过程中，对施工作业安全监管不力，对委托单位施工人员的作业场所隐患查处不力；检修没有制定针对性的施工方案和安全防范措施，检修组织不严密，管理不到位；本次该水泥厂万吨线耐火材料检修，只是电话通知委托单位，没有发文字函件，也未召开专题会进行安全落实和技术交底；在万吨线基建安装时，对工程管理不到位，对锚固件的材质检验和焊接验收把关不严，给该生产线的后期运行留下安全隐患。

三、完整性管理分析

（一）风险评估与管理

在该水泥厂设计阶段，已经对分解炉浇注料的安全性进行了风险评估，但在基建阶段，由于施工方使用了不合格的锚固件，使得前期开展的风险评估失去了参考价值。

水泥行业分解炉浇注料垮塌事故并不罕见，该水泥厂、委托单位在检（维）修作业前，也都考虑到了施工过程中可能会出现垮塌现象，但由于该水泥厂作业人员检查不到位，委托单位未针对该次作业进行专门的风险评估、未制定施工安全技术方案和安全措施，导致双方虽然均认识到了风险，但管控措施不到位。

（二）事故隐患

分解炉浇注料由于长时间处于高温环境，导致结构稳定性降低，随着时间的推移，必然会产生垮落塌陷的现象。由于时间、材质、工艺等方面的不同，垮落塌陷程度也会不同。4 月 11 日一级筒北侧伞顶浇注料已经出现了大面积垮落现象，这本应引起水泥厂和委托单位的高度重视，但实际上，双方均未安排类似部位耐火材料的检查和制定相应的检查验证措施。

在检修过程中，委托单位没有安排专人监护，导致没有能够及时发现分解炉顶部浇注料预裂、垮塌预兆并迅速采取中止作业、人员撤离、浇注料放落等针对性措施。

（三）设备完整性

分解炉顶部拱顶部位浇注料耐火材料锚固件的材质直接影响耐火材料的使用寿命，在该水泥厂设计阶段，已经对耐高温侵蚀氧化的锚固件的主要成分 Ni 含量做了要求，但基建施工单位偷工减料，使用了 Ni 含量严重不达标的材料，大大降低了耐火材料的完整性。

（四）保护系统

分解炉锥部施工属于有限空间作业和高处作业，作业空间狭小，因此，需要搭设脚手架，作业人员系安全带。脚手架需由持有建筑架子工证的专业人员搭设，经安全验收后方可使用。该起事故中的委托单位搭设的脚手架钢管从预热器三层人孔门穿过，向上搭建立体柱状结构的施工平台，总高度约 6 m，共 3 层，每层铺有跳板，但未铺竹夹板，上、下部也未搭建防护网。搭设完成后，没有由双方共同验收，而是仅由该水泥厂制造分厂作业人员胡某等 4 人对脚手架搭建情况和质量进行了检查，且胡某在检查时只是用手电筒在 3 层平台向上照看，对脚手架搭建质量和形状等均没有提出整改意见。保护系统不规范、性能不达标，间接扩大了事故伤害程度。

（五）员工能力与操作规程

在该水泥厂基建阶段，无论是集团公司装备部还是工程装备部都具有相应的专业技能，但双方均没有按照集团公司相关制度进行质量方面的把关和验收。

在检（维）修阶段，该水泥厂作业人员胡某、孔某、季某、朱某等 4 人，都具有对万吨线分解炉炉内耐火材料状况进行例行检查的专业技能，但这 4 人均未认真开展检查工作。

委托单位虽然制定了《烟道内施工安全操作规程》，但进入危险区域施工作业时没有严格执行相关的安全操作规程。

该水泥厂和委托单位均未对作业相关人员进行安全培训和安全技术交底，没有能够提前消除相关作业人员麻痹大意等不安全心理。

（六）完整性管理与经验教训的实施

1. 工程技术对策

选用符合设计要求的锚固件，保证其具有足够的抗高温、抗氧化能力，确保能够承受足够的剪切力和拉力。

分解炉内搭设脚手架时，严格按照《建筑施工扣件式钢管脚手架安全技术规范》（JGJ 130—2011）的要求，根据作业性质、载荷等设计脚手架安装方式，增设防护网、隔离带等，进一步提高分解炉内检修作业安全防护等级。

2. 安全教育对策

开展有关预热器分解炉内检修作业安全知识、事故案例的培训，使员工了解作业过程中存在的危险因素及管控措施。

开展分解炉内耐火材料状况检查方法及要点等知识的培训，确保技术人员、管理人员熟练掌握。

3. 安全管理对策

要明确设备安装、调试等过程中的相关标准，并严格落实验收工作。

在进行分解炉内检修作业前，进行全面的隐患排查，确认热工设备内部积料、结皮、窑皮、衬里的结构安全等，必要时通过壳体开孔等方式检查耐火材料是否脱空，排除高空物体坠落等物的不安全状态，消除施工安全隐患。

作业前进行风险评估，制定并落实作业安全方案，并对作业人员进行安全技术交底。

签订检修作业安全管理协议，明确检修双方的权责范围，保持沟通与联系，协调解决检修过程中的安全事宜。

四、类似性质事故收集、阅读

2012 年 4 月 26 日，根据原料磨衬板更换作业计划要求，某制造分厂安排郑某担任更换作业的技术总负责。在衬板更换作业过程中，前 3 块旧衬板被顺利拆卸并吊出。15 时 50 分左右，当拆卸到第四块旧衬板时，因衬板定位压块未拆卸，相连衬板间隙过小，造成旧衬板卡滞严重无法正常起吊。郑某安排参检人员用大锤振打后，再用手拉葫芦拽拉，旧衬板仍然无法吊起。16 时 15 分左右，郑某俯身对卡滞原因进行检查，焊接在旧衬板上的吊耳突然发生脱焊，弹向郑某面部，造成郑某面部受伤。现场人员立即将其送往市医院进行救治。经医院确诊为左侧鼻骨、左侧筛板、左侧上颌骨、上颌窦前壁多发粉碎骨折伴左侧筛窦、上颌窦积液，左侧眶周组织肿胀。

制造分厂维修工邓某在旧衬板上加焊的吊耳强度不够，未焊加强筋板，造成吊耳突然脱焊，是导致事故发生的直接原因。

案例 4　水泥磨减速机爆炸事故

一、事故经过描述

2015 年 2 月 2 日 13 时 30 分 40 秒，某水泥厂处于停产状态的 2 号水泥磨减速机突然发生爆炸，致使位于减速机附近的 2 名工作人员重伤，经送医抢救无效死亡。

2015 年 2 月 2 日 13 时 30 分 40 秒，水泥磨房内发出一声巨响，安全办公室人员随即赶赴现场，发现 2 号水泥磨减速机处建筑彩钢瓦脱落，并有大量粉尘飞扬弥漫。抵近观察，发现是处于停产状态的 2 号水泥磨减速机发生了爆炸。安全人员立即用电话向公司领导汇报，公司领导立即下令启动事故处理应急预案，组织人员迅速进入水泥磨房进行现场搜寻，发现 2 号水泥磨减速机东平台联轴器处安全护栏上悬挂 1 人，平台上趴着 1 人，受伤情况不详。减速机爆炸后现场如图 2-32 所示。

图 2-32 减速机爆炸后现场

现场救援人员将两名受伤人员救下，转移到水泥磨房一层安全地点，并立即拨打 120 求救。为争取救援时间，公司立即安排车辆把伤员送往县人民医院，并电话通知急救中心做好抢救准备。13 时 53 分左右，2 名伤者被送到当地县人民医院，医务人员立即进行抢救。13 时 59 分，2 名伤者因伤势严重，经抢救无效死亡。

两名死者系某环保工程有限公司员工，该环保工程有限公司受该水泥厂委托，负责对窑头、窑尾部位的排风机进行拆除。事故当天，窑头排风机拆除工作已经完成。

2 号水泥磨减速机所加齿轮油的时间为 2013 年 10 月，所用润滑油均为 L-CKD320 号重负荷工业闭式齿轮油。2 号水泥磨加油后运行至爆炸事故发生，中间只运行了 523.11 h，折合 21.8 d，其中：2013 年 12 月 2 日 7 时至 2015 年 1 月 20 日为技改停机时间；2015 年 1 月 20 日 11 时 50 分开始调试生产，1 月 30 日 23 时 21 分计划停机，至 2 月 2 日 13 时 30 分 40 秒事故发生时未再开机生产。

事故发生后，该水泥厂上级单位、油品供应单位等多方人员依据《安全生产法》《生产安全事故报告和调查处理条例》等法律法规，通过现场勘查、询问有关当事人、查阅相关资料及提取 2 号水泥磨减速机油箱内在用油和其他磨减速机油箱内在用油送相关检验机构检验后确认，油箱内存有大量的不明可燃性爆炸气体，2 号水泥磨减速机生产制造厂家没有在稀油站油箱上设置防火透气帽，导致析出的可燃性爆炸气体（比重大于空气）无法排出，在油箱内积聚达到爆炸极限，致使处于停产状态的 2 号水泥磨减速机发生了爆炸。该起爆炸事故属一起生产安全意外事故。

2 月 9 日，该水泥厂对 2 号水泥磨的减速机齿轮油取样，送到某润滑技术有限公司进行化验。油品化验结果表明稀油站上部、下部齿轮油的闭口闪点分别为 45 ℃和 65 ℃，不符合 L-CKD320 号重负荷工业闭式齿轮油的国家标准《闪点的测定宾斯基—马丁闭口杯法》（GB/T 261—2008）。

2 月 10 日上午，事故调查组委托专业技术人员对 1 号生料磨和 2 号水泥磨减速机稀油站内的气体进行取样，送到指定的省分析测试中心进行气体分析。2 月 13 日，化验结果出来，1 号生料磨减速机系统内空气中丙烯含量达到 31.4%、2-甲基丙烯的含量为 18.579%，2 号水泥磨减速机系统内空气中丙烯含量为 2.119%，均超过爆炸极限。

二、事故原因分析

（一）直接原因

该水泥厂所使用的 L-CKD320 号重负荷工业闭式齿轮油不符合国家标准，致使其挥发出大量可燃性爆炸气体，两名受害者在减速机上实施动火作业，导致了事故的发生。

（二）间接原因

2 号水泥磨减速机生产制造厂家没有在稀油站油箱上设置防火透气帽，导致析出的可燃性爆炸气体（比重大于空气）无法排出，在油箱内积聚达到爆炸极限，致使处于停产状态的 2 号水泥磨减速机发生了爆炸。

（三）管理原因

经调查，该水泥厂和两名受害者所属的单位在该起生产安全意外事故中，应尽的安全生产责任都已基本落实，该水泥厂对委托单位相关资质进行了审核、履行了安全技术交底、安全监督检查等职责，委托单位也对受害者进行了相关培训等。因此，管理上并无明显漏洞。

三、完整性管理分析

（一）事故隐患

该水泥厂所使用的 L-CKD320 号重负荷工业闭式齿轮油，由于质量不合格，会析出大量的可燃性爆炸气体，在减速机这一密闭空间内集聚。后期对厂内其他减速机内可燃性爆炸气体进行检测，气体浓度达到了爆炸极限的 5~6 倍，构成了严重的事故隐患。

（二）设备完整性

2 号水泥磨减速机生产制造厂家没有在稀油站油箱上设置防火透气帽，设备零部件不完整，致使析出的可燃性爆炸气体无法排出，在油箱内积聚而达到爆炸极限。

（三）完整性管理与经验教训的实施

1. 工程技术对策

对减速机稀油站进行可燃性气体分析，重点分析可燃爆炸性气体的浓度是否超标；对不合格的油品立即停止使用。

所有稀油站油箱上安装透气帽，以便于内部气体的及时排出。

2. 安全教育对策

开展危险区域动火作业安全注意事项的培训，提高危险作业事故预防能力。

3. 安全管理对策

凡在减速机润滑油站周边的动火检（维）修作业，一律应采取防火防爆安全技术措施，办理危险作业票后方可进行。

对稀油站油箱的防火透气帽进行定期检查，对设备上的透气帽予以疏通；如防火透气帽堵塞严重的，应打开检查孔盖，释放内部积存气体。检查防火透气帽和打开检查盖时要注意避免产生金属磕碰打火和静电火花。

四、类似性质事故收集、阅读

2015 年 6 月 8 日 14 时许，某水泥公司发生一起工人在用手拉葫芦提升聚料斗的过程中葫芦链条断裂导致一名工人被聚料斗撞伤不治身亡的起重伤害事故。

2015 年 6 月 8 日 13 时许，在该水泥公司码头发运部实物校验分料器改造项目施工部位——碎石骨料 S10 廊道，该项目施工承包方四川某建筑公司（以下简称“川建公司”）现场负责人刘某组织重庆某船舶设备安装公司（以下简称“船舶公司”）的劳务派遣焊工崔某、吴某和杂工郑某，重庆某人力资源公司（以下简称“人力公司”）的劳务派遣焊工张某共计 4 人实施聚料斗吊装作业。5 人先使用 HSZ-CA 系列 5 t 手拉葫芦将聚料斗提升约 6 m 后，又在廊道顶部直径 100 mm 的支撑钢管梁南北两侧悬挂了两副 HSZ-CA 系列 3 t、2 t 的手拉葫芦。两副手拉葫芦吊链分别着力于聚料斗两侧吊耳，分别由郑某（站于聚料斗外部南侧廊道平台上）、吴某（站立于聚料斗内部北侧平台下部工字钢剪刀架上）2 人同时拉动 3 t、2 t 的手拉葫芦，继续将聚料斗提升至其上沿与廊道平台走道钢板齐平处悬空吊挂。

8 日 14 时许，崔某面向南面蹲于聚料斗内部南侧工字钢剪刀架上，吴某面向北面蹲于聚料斗内部北侧工字钢剪刀架上，2人分别对聚料斗南、北两侧实施划线、定位作业，为下一步将聚料斗与廊道走道板落料口四周的钢结构构架施焊作准备。而刘某与张某则分别蹲于廊道走道板上部碎石骨料传输带位置的钢制构架的南、北两端。突然，5人听到“嘭”的一声，位于廊道顶部钢管梁北侧的2 t手拉葫芦悬挂聚料斗的吊链断裂，聚料斗瞬间向南侧翻，撞向蹲于聚料斗内部南侧工字钢剪刀架上的崔某，同时将蹲于聚料斗内部北侧工字钢剪刀架上的吴某带向聚料斗下部卸料口，料斗北侧卸料斜板横担于廊道走道板呈东西走向的工字钢横梁上。刘某与张某立即下到聚料斗内部工字钢剪刀架上，将悬吊在半空的吴某拖上碎石骨料廊道走道板。

事故发生后，刘某、张某、郑某、吴某4人合力将崔某抬到碎石骨料廊道走道板上，同时刘某用对讲机将事故报告给川建公司的大组长王某，王某立即拨打120电话，120急救车赶到后将崔某送至当地人民医院，经抢救无效于2015年6月9日2时55分死亡。

第六节 变 更 管 理

企业在执行已经建立好的安全管理制度、安全操作规程时，难免会有或多或少的变更，变更管理最重要的是识别变更及其对安全操作的影响。

为了管理变更，企业应建立变更管理制度，规定完善的变更管理程序，由富有知识和经验的人员在变更期间实施严密监控，并对教训和经验进行反馈，以应用到以后的项目中。

在某些情况下，当日常安全操作超出安全操作限制，此时变更管理就至关重要，应当采取应急措施，比如停车处理并重新建立安全操作规程。操作人员及管理人员需要完全熟悉安全操作限制和异常后果，并有权根据判断在需要时采取应急措施。

本节描述的两起事故，第一起是由于生产工艺变更、储存装置用途变更，变更以后未进行风险识别造成的；第二起是由于作业人员擅自变更作业方案造成的。

案例1 电石渣浆库爆炸

一、事故经过描述

2006年5月14日10时25分，某水泥厂生料磨工段生料库顶2号渣浆库发生一起乙炔爆炸事故，造成2名岗位工烧伤，其中1人为全身60%浅Ⅱ度或深Ⅱ度烧伤。

2006年5月14日上午，该水泥厂开始进行生料磨试车，生料磨岗位工接化验通知单，要求2号渣浆库进11 m库位的电石渣浆以备生料磨开车试磨。8时40分库顶料位工齐某、朱某到库顶开关好相应阀门后，通知压滤岗位工开始送电石渣浆到2号渣浆库。为准确计量库位，齐某、朱某按要求于9时40分和10时先后2次对库位进行测量，当时液位为8~9 m。10时25分左右，齐某、朱某第三次对库位进行测量，齐某拿着绳索，朱某拿着碘钨灯来到2号渣浆库测量液位。齐某先到测量孔，打开盖板，放下测量绳，当朱某拿着灯刚靠近测量孔时，瞬间发生爆炸，同时一团大火直接从测量孔喷出，强大的冲击波将齐某掀倒，并将2人严重烧伤。

该水泥厂原为干法生产工艺，因各种原因承包方将其改为湿法生产工艺，而所采用的电石渣浆中仍有12%左右的电石没有完全反应，事故单位在没有得到任何批准的情况下擅自施工，将原来储存半干电石渣的生料库改为储存电石渣浆液，并在库内进行原料配置，同时将生料库上原有的排气管拆除。为防止人为破坏，又将库顶的各洞口用铁板封盖。

事故发生后，该公司领导高度重视，及时组织抢救伤者，并成立事故调查组对事故的原因展开了调查。经初步认定，此次事故是一起明显的责任事故。

二、事故原因分析

（一）直接原因

该水泥厂所采用的电石渣浆中含有12%左右的电石没有完全反应，事故单位将生料库上原有的排气管拆除，又将库顶的各洞口用铁板封盖，造成电石渣浆中的电石快速反应，乙炔在库内大量积聚达到爆炸极限，而作业人员在作业时违章在易燃易爆生产场所使用无任何防爆措施的碘钨灯，导致乙炔爆炸。

（二）间接原因

该水泥厂在改变生产工艺后，并没有根据国家有关法律法规对从业人员进行必要的安全知识教育及培训，特别是对新工艺中可能存在的危险性的培训，导致员工无法对生产现场存在的危险因素采取有效的防范措施。

水泥厂在新建、扩建、改建项目过程中严重违反“三同时”的安全原则，对项目没有进行安全评估，对新工艺没有进行全面的危险、危害因素辨识。

（三）管理原因

该水泥厂在采用新生产工艺后没有及时制定和完善各项安全管理制度及操作规程，导致在试生产过程中无章可循。

管理人员和设计人员对乙炔等爆炸性气体的安全知识匮乏。同时该水泥厂主要责任人安全生产意识薄弱、思想麻痹，生产现场安全管理极为混乱。

三、完整性管理分析

(一) 风险评估与管理

该水泥厂在新建、扩建及改建项目时，应对新工艺的危险因素重新进行评估，并根据评估结果制定相应的安全操作规程，对岗位操作工人进行安全教育培训。

齐某、朱某在作业前没有意识到库内有乙炔气体产生，也没有辨识作业过程中存在的风险，在易燃易爆场所使用非防爆碘钨灯，最终导致事故的发生。另外，作业现场未设置任何的防爆装置、监测装置等，两位作业人员在作业过程中也未采取任何的防护措施，加剧了事故的后果。

(二) 事故隐患

该公司所采用的电石渣浆中有 12% 左右的电石没有完全反应，这本身就存在安全隐患。事故单位将生料库上原有的排气管拆除，为防止人为破坏，又将库顶的各洞口用铁板封盖，造成电石渣浆中的电石快速反应，产生的乙炔又排不出去，以至于在库内大量积聚而达到爆炸极限。而两位作业人员使用的碘钨灯又不是防爆的，碘钨灯成为事故发生的导火索。

(三) 变更管理

该公司存在的变更主要有：

(1) 生产工艺变更。该水泥厂原是干法生产工艺，后承包方将其改为湿法生产工艺。

(2) 原材料变更。原来生产原料是半干电石渣，后采用含有 12% 左右没有完全反应的电石的电石渣。

(3) 储存装置用途变更。事故单位将原来储存半干电石渣的生料库改为储存电石渣浆液，并在库内进行原料配置，同时将生料库上原有的排气管拆除。为防止人为破坏，又将库顶的各洞口用铁板封盖。

公司并没有对变更后的生产工艺进行危险、危害因素的辨识，并采取相应的整改措施、防护措施等；没有制定相应的安全管理制度与安全操作规程，没有对员工进行有效的安全教育与培训。由此可见，该次事故完全是由于公司领导安全意识淡薄造成的。

(四) 设备完整性

事故单位对原来存储半干电石渣的生料库进行了改造，导致库内产生的乙炔气体无法及时排出，破坏了设备的完整性。

(五) 员工能力与操作规程

公司没有根据现有的工艺、原料情况制定管理制度、岗位安全操作规程，是安全管理方面的缺失。公司领导层应组织员工进行充分的安全风险辨识，并制定相应的控制措施；组织员工进行安全培训和开展相应的应急演练等；加强对员工的安全教育和培训，提高员工的安全知识和技能，重点对新工艺所存在的危险、危害因素等进行安全教育培训。

（六）完整性管理与经验教训的实施

1. 工程技术对策

公司应对现有的生料库进行改造，设置排气孔、防爆阀等装置；对生料库顶部建筑物进行改造，使甲类危险品生产现场为敞开式建筑；加强对现场的通风，采取自然排气和机械排气等措施，防止易燃易爆性气体在库内和室内积聚；安装乙炔测量仪器和报警装置。

库顶改装防爆电气设备，在易燃易爆场所使用防爆电气设备，特别是加强对高压电缆的安全监控，严禁高压电缆随意敷设。安装浮标进行自动库位测量，不再使用人工测量。

在具有危险的场所悬挂安全警示标志，并悬挂危险源告知牌，标明乙炔的危险性质和相关事故处理方法等。在危险场所添置安全设施（如护栏），将排气管伸出楼面 3 m 以上，在其他有井洞的场所必须设置防护栏或铺设格栅，防止坠落、窒息等事故的发生。

2. 安全教育对策

加强三级安全教育，积极开展安全生产知识的宣传，增强员工的安全意识和自我防范意识，提高员工的应急处理能力。

3. 安全管理对策

该水泥厂必须严格按照“三同时”的原则，对新建、扩建、改建项目进行申报，改变建筑物和设备使用性质必须得到相关部门批准，对新工艺的危险、危害因素重新进行一次评估，并根据新的评估结果制定相应的安全操作规程。

针对新工艺和新技术，建立健全各项安全管理制度，完善应急救援预案体系，如在料库动火作业必须办理严格的审批手续等。采用电石渣替代原料生产水泥熟料的企业，应严格控制电石渣中未反应完全的电石含量，严格控制电石渣的含水量，防止乙炔的产生。

四、类似性质事故收集、阅读

2016 年 9 月 18 日 14 时 17 分，某水泥公司在电石渣料仓检修时发生一起较大爆炸事故，造成 7 人死亡、8 人受伤。

9 月 18 日 9 时，水泥公司东厂区水泥厂厂长杨某组织王某（副厂长）、韩某

（矿山车间副主任）、井某（熟料车间主任）、郭某（维修车间主任）等召开碰头会，要求各车间按检修计划开始停车检修。9 时 30 分韩某和井某分别组织人员开始检修前的准备工作。10 时 27 分 0032 管带机停车。10 时 30 分井某带领本厂职工柴某、辛某、李某、张某、刘某和劳务工卢某、汪某在存有 850 t 左右的电石渣库顶进行斜槽帆布更换工作（该项目是临时增加检修项目）。10 时 45 分，韩某安排封某和马某分别带领朱某、丁某、黎某、何某在电石渣库顶 0032 管带机机头进行除尘器清灰作业（日常检修工作）；安排本厂职工牛某、周某、陈某、林某、高某、窦某、付某、符某、曹某和一相关方职工赵某共 10 人，负责 0032 管带机的胶带更换工作。11 时，韩某安排另一相关方职工彭某、蔡某进入作业现场，开展前期的尺寸核实和工器具准备工作，并实施去除旧胶皮作业。

检（维）修作业中途，韩某离开作业面回办公室休息。为确保检修按时完成，作业人员轮流休息和吃午饭，未中断作业。13 时 40 分许，彭某、蔡某在使用打磨机清除滚筒残留胶皮时电石渣库发生闪爆，造成 7 人死亡（2 人当场死亡，2 人在送往医院的途中死亡，2 人经医院抢救无效死亡，1 人失踪 71 h 后找到并确认死亡）、8 人受伤。爆炸后的库顶收尘器如图 2-33 所示。坠落地面的收尘器如图 2-34 所示。

图 2-33　爆炸后的库顶收尘器

经事故调查组分析，最终认定事故发生的直接原因是：滚筒包胶打磨作业产生的火花引燃、引爆乙炔与空气形成的爆炸性混合气体。

据了解，电石渣发生爆炸后检测电石渣筒形储库内乙炔浓度仍达到 280ppm。相关人员抽取的该公司 8 月 10 组电石渣乙炔质检报告单显示，平均电石渣水分含量为 4.75%，生电石含量为 1.71%。经初步分析测算，发生爆炸时电石渣筒形储库内应残存有 109.696 t 生电石。由此推定，乙炔可能是电石渣筒形储库内残留的生电石与未完全干燥的水发生反应而生成的。

图 2-34　坠落地面的收尘器

案例 2　生料系统吊装作业起重伤害事故

一、事故经过描述

2015 年 6 月 17 日 14 时 45 分左右，某水泥厂对熟料部 1 号、2 号线生料系统混合皮带处的在线分析仪进行拆除作业，吊车在起吊在线分析仪防辐射铅块时，将平台安全防护栏撞毁，造成指挥吊车作业的李某坠落地面。李某因伤势严重，经医院抢救无效后死亡。

2015 年 6 月 17 日上午，熟料部副部长通知维修工段对生料系统 1 号、2 号混合皮带平台处在线分析仪进行拆除。在维修工段晨会上，副工段长张某安排维修二班负责该项工作，工段长韩某及副工段长张某分别口头说明了作业技术措施及安全注意事项。8 时 30 分左右，钳工班班长李某带领员工杨某、吴某、刁某、任某 4 人前往现场拆除在线分析仪。由于在线分析仪是模块化组合安装，因此需分块拆除吊往地面。

17 日 14 时 30 分左右，李某与维修工刁某和任某用倒链从分析仪底板处倒运铅块至混合皮带机皮带上，以便向外吊运。维修副工段长张某到达现场检查施工情况，并指挥第一块铅块吊装作业，要求李某等人用倒链与吊车吊钩共同牵引至垂直位置后松开倒链，然后再用吊车吊至地面。期间，维修副工段长张某因接打电话离开作业现场。此时吴某负责焊接皮带架，杨某回班组拿钢丝绳。李某、刁某和任某 3 人开始吊装第二块铅块，刁某和任某 2 人先将铅块用倒链吊到皮带上，等待吊车吊钩返回期间，2 人将倒链卸下去起吊第三块铅块。

17 日 14 时 45 分左右，李某将第二块铅块上的钢丝绳挂在吊车小钩上，手扶在平台安全防护栏上，在无人协助、无监护人员、无倒链牵引、吊物处于斜拉状态的情况下指挥吊车司机徐某起吊。由于没有倒链牵引稳固，吊物处于斜拉状态，起吊过程中铅块发生甩动，将距离地面 10 m 左右的作业平台的安全防护栏撞毁，导致李某随着防护栏坠落至地面。

事故发生后，作业现场员工杨某、吴某、刁某、任某、徐某及正在附近的副工段长张某迅速跑向事故现场，一起将李某搬抬到平板车上。同时，副工段长张某打电话向段长韩某汇报，并拨打 120 急救电话。熟料部负责人将事故情况分别向安全办公室副主任、副总经理、总经理报告，同时立即启动“事故专项应急救援预案”，组织人员开展救援。公司总经理、熟料部部长、安全办副主任、安全主管等人员接报后迅速赶赴事故现场开展救援。熟料部负责现场警戒及救援，安全主管负责现场救护，行政人事部及维修工段人员负责接应 120 急救车。120 急救车赶到现场后，将李某送往市中心人民医院抢救。

公司领导在第一时间将事故情况向当地安监局相关领导进行了报告。在获悉李某终因伤势严重，经医院抢救无效死亡的消息后，总经理再次向当地安监局进行了报告。

二、事故原因分析

（一）直接原因

该水泥厂熟料部实施在线分析仪拆除作业，在吊装第二块铅块作业过程中擅自变更了作业现场负责人制定的作业方案。在无人协助、无倒链牵引、吊物处于斜拉状态的情况下，钳工班班长李某将铅块挂好后，未及时转移到安全位置就指挥起重人员起吊，致使被吊铅块处于斜拉失稳状态，引起铅块甩动。

该水泥厂在实施在线分析仪拆除作业过程中，为节约吊装费用，使用未经检验合格的自备 25 t 汽车吊，起重作业人员持有的作业证与作业项目不相符，且担任起重司索的指挥人员李某未取得相应资格证、安全操作技能不足。

（二）间接原因

在起重作业过程中，未严格实行“一项目、一措施”，只对参与拆除作业人员进行了口头告知，拆除作业中未严格遵守操作规程，是造成该起事故的间接原因。

（三）管理原因

该水泥厂虽然制定并下发了《吊装作业安全操作规程》，但操作规程没有落到实处，相关管理人员对员工违反操作规程的行为的监督检查不到位。

三、完整性管理分析

（一）风险评估与管理

检修作业前未进行工作安全分析和书面的安全技术交底，检修作业人员李某和起重人员徐某均对歪拉斜吊可能导致的风险认识不到位，缺乏风险防控能力和认识。

（二）变更管理

作业现场负责人维修副工段长张某具有多年的检（维）修作业经验，给作业人员提供了详细的作业方案，第一块铅块的安全吊运证明其方案是正确、合理的。但在吊运第二块铅块时，相关作业人员为了节约时间，擅自变更了作业方案，且新的作业方案未经深入的考虑与分析，导致了事故的发生。

（三）工程授权

检修期间吊装作业未办理作业许可，未经相关领导书面审批，导致相关领导对作业行为未能提出有效的安全措施要求。

吊运第二块铅块时，刁某、任某、李某等人未取得作业现场负责人的许可，擅自变更作业方案。

作业过程中未对专人进行监护、指挥的授权，现场无监护、无专人指挥吊装。

（四）保护系统

在吊运第一块铅块时，维修副工段长张某要求李某等人用倒链与吊车吊钩共同牵引至垂直位置后松开倒链，然后再用吊车吊至地面，在这过程中，倒链限制了吊物的行程，起到了保护作用。但在吊运第二块铅块时，刁某和任某2人先将铅块用倒链吊到皮带上，等待吊车吊钩返回期间，2人将倒链卸下去起吊第三块铅块，李某在指吊时也没有将倒链连接到吊物上，使得吊物保护系统缺失。

（五）员工能力与操作规程

李某作为钳工班班长，曾多次指挥或参与起重吊装作业，具有一定的风险辨识与预控能力，但他本人并未经过专业的起重作业培训，未取得起重司索工证，不具有指吊专业技能。第一次吊运作业时，维修副工段长张某已提出了具体的作业方案，但在第二次吊运时，刁某、任某、李某等人擅自更改了作业方案，其作业行为严重违反了《吊装作业安全操作规程》规定的“斜牵斜挂不准吊、安全装置失灵或带病不准吊”等“十不吊”禁令。

吊车司机徐某所执作业资格证与作业项目不相符，未经专门的培训并考试合格就上岗作业，安全技能存在不足。

（六）事故调查

起重作业属于危险作业，起重伤害事故在国内外屡见不鲜。该水泥厂也多次组织员工学习类似的事故案例，但遗憾的是，钳工班班长李某、吊车司机徐某并未真正从中吸取经验教训，事故回顾、学习流于形式。

（七）完整性管理与经验教训的实施

1. 工程技术对策

起重作业过程中应有完善的保护系统，确保吊物受力平衡，对吊物的行程等进行限制。

2. 安全教育对策

开展起重作业安全知识和起重伤害事故案例的学习培训，对作业过程中的违章行为的后果进行详细的讲解。

3. 安全管理对策

特殊起重作业，如本案例中由于作业场所受限，必须斜牵斜挂的起重作业，应制定专门的作业方案，告知所有作业人员作业中的有关风险和管控措施，并进行书面的安全技术交底。

起重作业人员、司索指吊人员必须经过专业的培训，考试合格后持证上岗。指吊人员由专人负责，严禁出现多人指挥的现象。

加强危险作业的安全监督检查，及时纠正作业中的违章行为。

承包单位进行起重作业的，发包方应对承包单位进行资质审核，签订“安全管理协议”。

四、类似性质事故收集、阅读

（一）变更作业方式致重伤事故

2012 年 3 月 11 日 13 时，某水泥厂机修工段维修一班班长吴某带领班组成员程某、崔某（新进员工）、汪某（新进员工）按 4 号窑检修计划对石灰石皮带主减速机进行保养维修。14 时 30 分左右，此检修项目接近尾声，班长吴某要求崔某、汪某两人对工器具进行回收并交代安全注意事项（作业现场石灰石中转库库顶高度约 28 m）：收工器具时用绳子从库顶将工器具逐件往下放，不得多件同时吊装。随后吴某进行减速机尼龙棒安装，程某对皮带头轮栏杆进行恢复。

崔某在回收第一件工具 2 t 葫芦时按班长要求用绳子从库顶往下吊装至石灰石中转库袋收尘器平台，汪某在库底进行安全监护。葫芦吊至袋收尘器平台后，汪某从库底上至袋收尘器平台将葫芦解下。此时，崔某站在库顶向汪某打了一个向下扔工具的手势，汪某看到后停在袋收尘器平台楼梯处。崔某将第二件工具 16 t 千斤顶从库顶往地面扔了下来，汪某待第二件 16 t 千斤顶扔下后，将葫芦从袋收尘器平台移至地面准备回收崔某扔下的 16 t 千斤顶时，崔某将另一个 16 t 千斤顶从库顶扔了下来，砸在库底回收工器具的汪某双肩上。事故发生后，公司立即安排车辆、人员将汪某送到县医院进行治疗，后转至市医院住院治疗。

经检查，汪某双肺挫伤，两侧肩胛骨粉碎性骨折，胸椎、腰椎多处骨折。

（二）变更作业方案致死亡事故

2014 年 2 月 19 日 8 时左右，某水汽工段工艺员赵某到 1 号锅炉操作室检查锅炉工艺指标运行情况时发现，1 号锅炉二层平台排污管阀门前端法兰与排污管焊接处有漏点，并有蒸汽泄漏。

19 日 8 时 30 分左右，赵某在水汽工段开晨会时将该情况向工段长徐某和设备主管张某做了汇报，张某通知工段技术员殷某安排维修班班长章某（电焊工）和维修工李某对漏点进行维修。两人先采用在漏点处上卡具的堵漏方式。至 11 时 30 分左右未堵住，且漏点扩大为裂纹。这时，殷某来到作业现场，建议采用做盒子的维修方式（用 6 块铁板焊接成盒子将漏点包在里面）进行堵漏。

19 日 13 时 30 分左右，殷某、章某和李某开始进行铁盒堵漏前期准备工作。17 时左右，殷某、章某、吴某（李某下班）3 人对排污管漏点进行铁盒堵漏作业，但直至 20 日 8 时 30 分左右仍未将漏点封堵成功。此时，水汽工段设备主管张某来到作业现场后，建议采用包焊（用螺旋焊管把排污管阀门和排污管漏点套在圆管内，圆管两端用铁板做平封头，下封头加一个倒淋盲板。倒淋盲板密封前是敞开的，当全部焊接完后，加装盲板使螺旋焊管形成一个密封器具）堵漏。

20 日 13 时左右，张某等 4 人开始进行包焊维修作业。22 时左右，孟某因发烧离开作业现场。21 日 0 时 30 分左右，张某将包焊管焊接完毕后回家吃饭，章某和殷某留在现场加装盲板封堵。21 日 1 时 5 分，两人上紧盲板 6 颗螺栓时（共 8 颗螺栓），包焊管发生爆裂，造成章某和殷某死亡。

第七节　相 关 方 管 理

水泥企业相关方，是指在本公司进行建设项目工程施工、设备安装维修、原辅材料供货、产品配套供货、产品委托加工、物流服务、环卫绿化服务、废弃物处置、公司客户、参观、检查、培训、实习等外来的单位或个人。

水泥企业对相关方的安全管理存在如下问题：

（1）发包方未将作业风险、规章制度、操作规程告知相关方，相关方未将作业过程、潜在风险、危险设备和物质、特种作业人员等告知发包方。

（2）发包方没有统一协调和管理相关方的安全工作，多方交叉作业时，相互之间的影响没受到应有的重视。

（3）发包方未对相关方作业过程采取有效监督，或监督人员缺乏相应的专业能力，不能发现问题，或者对有些问题熟视无睹，或不能及时反馈问题，未督促相关方及时改进。

（4）作业活动之前，不充分交底，人员入场培训流于形式，缺乏针对性。

（5）相关方入场的人员、设备设施、物资未经过检查和确认。

（6）发包方未定期评估相关方安全健康绩效等问题。

在签订作业合同之前，水泥企业应做好对相关方的资质审查；在相关方进厂作业时，应向相关方告知公司相关安全环保、治安保卫管理制度和规定，与相关方签订专门的安全生产管理协议，或者在承包合同、租赁合同中约定各自的安全生产管理职责；对承包单位、承租单位的安全生产工作进行统一协调、管理，定期进行安全检查，发现安全问题的应当及时督促整改。

对水泥企业相关方的管理一直是企业管理的重点，也是难点。对相关方的管理必须实行安全绩效、作业资质一票否决，严把入口关，杜绝安全绩效不合格、无作业资质的相关方进入企业作业。

案例 1　水泥厂房坍塌事故

一、事故经过描述

2005 年 11 月 17 日 9 时左右，某水泥公司在拆除废弃机立窑厂房过程中，发生一起因违章指挥，冒险、违章操作，致使厂房立柱结构破坏引起坍塌，造成 3 人死亡、1 人受伤的事故。

2005 年 10 月 17 日，虞某经黄某介绍与赵某相识。三人商议，决定以伪造和盗用有关施工企业的相关经营资质证书和法人委托书等手段，承揽某水泥公司立窑厂房拆除工程。10 月 31 日，该水泥公司副总经理俞某受总经理陆某口头委托与虞某（以某土石方工程公司的名义）签订机立窑厂房拆房协议。由于某土石方工程有限公司不具有市房屋管理局颁发的城市房屋拆除施工资质。赵某等三人又商定，以虞某的名义将拆除厂房工程转包给具有拆房资质的某拆房公司。为进一步落实和分摊拆除工程所需资金，黄某、赵某、夏某、李某、黎某、蔡某等 6 人合伙进行拆房，其中夏某投入份额最多。11 月 3 日，虞某与夏某签订机立窑厂房拆房协议。

11 月 5 日夏某组织部分人员和机械设备，秦某受蔡某委托招用 8 人（均无城市房屋拆除上岗证）进入厂房拆除现场并开始作业。

经过 12 天左右的拆除作业，至 2005 年 11 月 16 日作业结束时，机立窑厂房第 6 层楼面以上的建筑物大部分已被拆除，机立窑厂房第 5 层北面的 4 根立柱的混凝土结构部分已被破坏，其部分钢筋也被割断。

17 日 7 时 30 分左右，作业人员进入拆除现场后，先用钢丝绳索将厂房第五层的横梁与挖掘机连接，然后开动挖掘机对其进行牵拉，欲使第6层楼面以上的建筑物快速倒塌。但牵拉一段时间后，仍无坍塌迹象。8时45分左右，秦某带领8名作业人员进入第5层楼面，对楼面朝北的4根立柱继续进行敲打。

17日9时左右，第5层楼面北面立柱突然断裂，导致第6层楼面及以上部分建筑物坍塌。廖某、汪某、于某、严某等5人及时逃离；张某和陈某被埋在坍塌区内；秦某、何某坠落地面后，被送往医院抢救。因抢救无效，何某于17日23时左右死亡，秦某受重伤。18日19时左右，张某和陈某的遗体先后被找到。

该次事故中，该水泥公司副总经理俞某未按规定审核施工企业的资质证明，未能分辨虞某等人提供资质的真伪，口头即将拆除工程交由虞某。同时对拆除工程安全失管，未对相关方进行作业前的安全培训，也未与相关方签订安全协议，在拆除过程中对施工安全的检查、保障不力。虞某、黄某、赵某通过私自伪造和盗用其他公司的相关经营资质证明和法人委托书等来获取水泥厂房拆除工程。秦某招聘的拆除人员均无城市房屋拆除上岗证，同时秦某在拆除过程中盲目冒险违章操作，最终导致了事故的发生。

二、事故原因分析

（一）直接原因

施工队伍无拆房资质，厂房拆除无施工方案，拆除现场无任何安全防护措施。作业人员盲目、冒险和违章操作，致使机立窑厂房第5层立柱结构破坏，导致第6层楼面及以上部分建筑物坍塌。

（二）间接原因

该水泥公司严重违反《安全生产法》《建筑法》和《建设工程安全生产管理条例》等法律法规的有关规定。企业负责人未按规定审核施工企业的资质证明和有关证照，将厂房拆除工程交由既无施工资质又无施工能力的个人组织，并对拆除工程安全失管。厂房拆除施工中，企业安全管理人员未落实各项拆除作业安全措施，对拆除作业施工安全的检查、督促和安全保障不力。

（三）管理原因

某土石方工程公司企业管理失控，将企业公章和有关证照提供给他人，为签订施工合同创造了条件，致使无施工资质和施工能力的个人违法承揽拆房工程业务。

该水泥企业安全管理方面存在严重问题。首先，不应将拆除工程承包给无资质的承包方；其次，在拆除工程施工前，既没有对相关方进行安全培训，也没有检查相关作业人员的作业资质；再次，没有与相关方签订安全管理协议来明确各自的安全责任，对相关方没有尽到安全管理的义务。

三、完整性管理分析

（一）风险评估与管理

该起事故完全是可控的。该案例中水泥企业由于安全管理缺失，将拆除工程承包给伪造资质的公司，这本身就是一种风险。秦某在组织拆除队伍的时候招聘的都是无拆除作业上岗证的人员，更是具有潜在的巨大风险。拆除过程中，水泥公司没有对相关方进行作业前的安全培训，也没有对相关方的安全防护设施进行检查或监督相关方制定相应的防护措施、应急预案等，这也是风险之一。秦某等人在第6层楼面尚有部分建筑物的情况下依然对第5层楼面朝北的4根立柱进行敲打，属于违章操作。此外，施工人员存在盲目冒险作业的现象。

由于秦某等人没有系统的安全管理理念，也没有对作业过程中存在的风险进行辨识，致使事故发生。

（二）事故隐患

没有施工资质的个人组织获得拆房工程，这本身就是一个重大安全隐患，也为后续发生伤亡事故埋下伏笔。在厂房第6层楼面上部还有部分建筑物，第5层楼面北面4根立柱的混凝土结构部分已被破坏，部分钢筋也被割断的情况下，秦某还带人在第5层楼面违章操作，这又是一个重大安全隐患。

（三）工程授权

水泥公司将工程承包给没有施工资质的个人组织，是事故发生的前提，违反了国家相关的法律法规，属于违章操作。

（四）保护系统

可以看出，作业人员在作业过程中没有采取任何防护措施，作业现场也没有设置防护措施。如果楼层外部设置有防护网，或者作业人员在作业时采取防护措施，则秦某、何某就不会直接坠落到地面，也就不会死亡。

（五）员工能力与操作规程

显而易见，参与作业的8名人员没有城市房屋拆除上岗证，也就没有相应的拆除能力和自我防护能力，属于违章操作。在作业过程中，承包公司没有制定相关的作业方案或是操作规程，作业随意性很强。在对第5层的横梁进行牵拉一段时间且在第6层以上建筑物未倒塌的情况下，秦某仍带人在第5层楼面作业，没有意识到危险性。

（六）完整性管理与经验教训的实施

1. 工程技术对策

对于任何工程项目，涉及相关方的，企业一定要严格按照国家有关规定审核相关方的资质证照，应将工程发包或者出租给具备相应资质的单位，严禁将工程承包给没有资质的相关方。

相关方在作业之前一定要制定作业方案并经生产经营单位同意，在作业过程中严格按照作业方案作业，禁止违章操作等行为。相关方应制定应急救援措施，在现场配备应急救援物品等，以备不时之需。

2. 安全教育对策

加强对安全管理人员及员工的安全培训。加强对相关方作业前的培训管理，明确作业过程中可能存在的危险等。

3. 安全管理对策

生产经营单位应当与承包单位、承租单位签订专门的安全生产管理协议，或者在承包合同、租赁合同中约定各自的安全生产管理职责；有多个相关方交叉作业时，生产经营单位对承包单位、承租单位的安全生产工作统一协调、管理，定期进行安全检查，发现安全问题的，应当及时督促整改。

相关方在施工前，生产经营单位应按批准的施工组织设计或专项安全技术措施方案，向有关人员进行安全技术交底。安全技术交底工作完毕后，所有参加交底的人员必须履行签字手续。

对相关方参与作业的人员的资格进行把关，在进行特种作业时严禁无证人员操作等。相关方应对作业人员严格管理，禁止违章操作。

四、类似性质事故收集、阅读

（一）无资质工程队承揽工程致坠落事故

2009 年 9 月 17 日，某水泥厂新厂扩建项目在距地面 23 m 高的平台上安装收尘设备，施工现场由于没有设置任何安全防护措施，当设备被移动时产生碰撞，正在作业的焊工李某从 23 m 高敞开的空隙中坠落到 14 m 平台上，当场被摔死。

该磨机收尘设备安装工程由该水泥厂主要负责人发包给该市某机械安装公司，后者又将工程转包给该市的另一个机械安装工程队。据调查该安装公司和工程队均未取得承揽类似工程的资质。设备安装人员也是从周边村庄东拼西凑而来的技术工人。死者李某就是这样加入工程安装队伍的。

（二）无资质相关方清库作业致死亡事故

2010 年 12 月 30 日 11 时 20 分左右，位于浙江省某县的一水泥公司发生一起安全生产较大事故，造成 3 人死亡。

1. 相关单位介绍

盐城市某高空修建防腐工程有限公司（以下简称“修建公司”），经营范围为：高层建构筑物维修、拆除、安装、清洗，油漆防腐，防水堵漏施工，室内外装修装饰施工，机电维修、安装，管道容器安装，水暖维修安装，构筑物滑模、保温施工。2010 年有职工 10 余名。修建公司对下属业务人员的管理松散，业务人员所承接工程业务信息对修建公司是保密的，从业务承接到施工完成都是由业务人员自行负责，公司只是每年收取定额的管理费。

2. 工程概况

水泥公司水泥储存库因长期使用，库内结料比较严重，影响生产的正常周转。2009 年 5 月 23 日，水泥公司通过邀请议标的形式，将 1 号、3 号、5 号、6 号水泥库清库工程承包给了修建公司，双方签订了水泥库清库协议，项目经理为还某，协议价格为 17.6 万元，合同有效期至 2010 年 12 月 23 日。之后，1 号库清库完成，还某亏损了，就没有再继续履行合同。水泥公司另行招标，由盐城市某高空安装修建防腐有限公司（以下简称“高空安装公司”）中标，对 3 号、5 号、6 号水泥库进行清库，但该公司对 5 号水泥库清库完成后也出现了亏损，就不再履约。原先为高空安装公司工作的清库人员陈某就打电话给还某，让他继续承包工程，并说好具体清库由陈某来负责。2010 年 12 月 18 日，水泥公司和修建公司又重新签订了水泥库清库协议，协议价格为 22.8 万元，对 3 号、4 号、6 号水泥库进行清库。修建公司在水泥公司设了清库项目部，项目经理为还某。陈某带领 5 人清库小组于 12 月 20 日开始对 3 号库进行清库。在施工之前，水泥公司组织施工人员进行了安全教育，并签订了安全协议，明确双方职责。

3. 事故发生经过

2010 年 12 月 30 日 8 时，清库作业人员张某、李某、周某和魏某从 7 m 多高的检修人孔门进入 3 号库开始进行清库，4 人均未系安全带，只戴了安全帽和口罩。4 人分 2 组，一组清理，一组监护，轮流作业。到 10 时左右，魏某离开作业现场去做中午饭，张某、李某、周某 3 人仍在库内锄松水泥结块。11 时 20 分左右，3 号水泥库清库工作即将结束，陈某在库外开减压锥底下的鼓风机，准备放料。这时，李某、周某都退到比较结实的水泥块上，而张某站在 2 人对面。李某、周某突然听到张某在喊：“我掉到坑里了。”李某、周某因库内灰尘很浓，无法施救，2 人就出来告知陈某，并让他关鼓风机。陈某得知后立即打电话通知了水泥公司和还某，之后又找来绳子和李某 2 人去库内施救，结果也不幸被困于库内水泥中。

水泥公司和当地政府、消防人员接报后，立即进行救援，由于库内情况复杂，库内积存有 4 m 左右深度的水泥，无法找到被困人员，导致救援不成，最后采取切除库底卸料口的办法卸出水泥。经 10 多个小时的持续救援，于 31 日 3 时 30 分左右将被困人员全部救出，经送医院抢救无效死亡。

现场勘查：事故发生在水泥储灌区的 3 号水泥库内，该水泥库直径为 15 m、高 43.8 m，库外高 13 m 处有一检修平台，设一检修人孔，平台系有一根安全绳从人孔处进入库内，用于人员沿绳进出。库内水泥结块如溶洞一般，部分空间已清至减压锥顶部处，库内底部积有约 4 m 深已清下来的水泥。库外底部设有风道和出料口，用 1 台鼓风机送风卸料。

经查，还某个人的资格证书及陈某、张某、魏某 3 人的高处作业证均为伪造的证件。从 2006 年开始，还某以修建公司的名义承接业务，往来工程款通过修建公司在中国农业银行盐城市盐都支行的账户进出。在事故发生之前，还某以修建公司的名义在水泥公司承接业务。事故发生之时，还某正在从绍兴回江苏盐城的路上。接到出事电话后，还某由于害怕，就把手机关机，失去联系。直到 2011 年 1 月 23 日还某才出现，并接受调查。

（三）混凝土一次性浇筑量过大致梁柱坍塌事故

2015 年 5 月 12 日 17 时 40 分，某水泥公司 2500 t/d 新型干法水泥熟料生产线搬迁项目发生一起模板坍塌事故，造成 6 人受伤。

该水泥公司 2500 t/d 新型干法水泥熟料生产线搬迁项目水泥磨房设计建设高度 38 m，共 3 层。事发时正在进行第二层顶部梁柱现浇施工，发生坍塌的梁柱高 12.9 m，梁截面厚度 1.6 m、宽 0.70 m。当日混凝土预计浇筑数量为 120 m^3，计划分两次浇筑，每次浇筑 60 m^3。当日实际浇筑数约 84 m^3。

2015 年 5 月 12 日 13 时左右，劳务公司混凝土作业带班员何某带领班组成员欧某、张某、赵某、刘某到水磨机房二楼顶部进行梁柱浇筑。16 时左右，何某听见梁柱扣件连续响了三四下，随即将情况告诉正在进行混凝土浇灌作业的泵工邓某，“不能打了，叫公司不要再来混凝土了”。邓某随即停止了对梁柱的浇灌，同时给劳务公司现场调度员吴某打电话，汇报了现场情况。17 时 40 分左右，劳务公司贺某、吴某相继来到了现场，并向何某了解了相关情况，两人经过商议后就向上面的泵工邓某喊话：“打不得就不打了，把剩下的拉到别处打垫层去。”听到喊话后，在下面加固的 3 名架子工随即撤了出来。6~7 min 后，泵车在收臂过程中，梁柱突然倒塌，正在施工的欧某、张某、赵某、何某、刘某及泵工邓某 6 人随同坍塌的梁柱一起倒在第二层的现浇板上。

水泥公司安全员柳某在现场附近听到一声巨响，估计是磨房出事了，随即赶往事故地点，同时拨打了 120 急救电话，并叫王某（水泥公司职员）拨打 119 救援电话。17 时 48 分，120 急救中心接到求救电话，17 时 49 分，急救中心紧急调度，出动救护车辆 6 台和医生、护士共计 12 名赶往现场施救，对 6 名伤者进行现场简单处置后由急救车转移到当地医疗中心进行救治，现场救治于 19 时 10 分结束。邓某伤情严重，当日进入当地人民医院重症监护室治疗。2015 年 5 月 29 日，邓某病情基本稳定后被转至市中心医院继续治疗，2015 年 8 月 12 日被转至市民族医院康复治疗。刘某于 6 月 1 日康复出院，其余 4 人仍在当地医疗中心康复治疗。

案例 2 施工单位违章搭建脚手架致坍塌事故

一、事故经过描述

2013 年 11 月 10 日 12 时 10 分，某建设集团有限公司在位于某市的一水泥公司水泥粉磨系统技改项目工程施工过程中，发生一起较大坍塌事故，造成 4 人死亡、8 人受伤。

2013 年 11 月 10 日，某建设集团有限公司驻该水泥公司水泥粉磨系统技改项目项目部经理邵某，安排项目部施工现场负责人王某组织浇筑 18 m 标高平台，其中平台大梁横截面积为 600 cm×1600 cm，跨度为 15 m。王某安排项目部早班人员进行浇筑。平台大梁浇筑施工采取分三层周圈浇筑，最后浇筑顶板。浇筑工作从 8 时持续至 12 时，大梁基本浇筑完毕。12 时 10 分许，18 m 标高平台西北侧立柱东侧 3 m 左右处发生坍塌，随即平台大面积坍塌，平台上的 10 名施工人员随着模板坠落，2 名在模板下部加固模板支撑的木工被掩埋在坍塌物下。

事故发生后，该市立即启动较大事故应急救援预案。市委、市政府领导，市安监局、住建局、公安局等各部门领导第一时间赶赴事故现场组织指挥抢险救援工作，并迅速召开紧急会议，成立了事故抢险救援指挥部，下设综合协调组、事故救援组、医疗救护组、安全保卫组、后勤保障组、新闻组、善后处理组、事故调查组等 8 个工作组，全力开展抢险救援工作。

在事故现场的王某随即拨打了邵某的电话和 119 消防报警电话，现场其他人员拨打了 120 急救电话。水泥公司也迅速启动企业生产安全事故应急救援预案，组织人员进行抢险救援。

事故抢险救援队伍先后将 10 名受伤人员分别送往当地人民医院和中医院进行救治，其中两名受伤人员经抢救无效死亡。救援人员进一步核实被埋人员数量和大概位置，组织技术人员对事故现场进行勘察，科学制定现场抢险救援方案，采用人工和机械相结合的方式从周边向中心进行清理搜索，全力搜救被埋人员。经过近 15 个小时的奋力搜救，到 11 月 11 日 2 时 55 分，救援人员将两名被埋人员找到，二人已无生命体征，救援工作宣告结束。

二、事故原因分析

（一）直接原因

该工程的脚手架基础局部不均匀沉降、个别立杆有搭接现象、架体剪刀撑缺少、顶部水平拉杆未加密，导致架体局部变形失稳，造成模板支撑坍塌。

（二）间接原因

（1）该建设集团有限公司在该工程设计图纸未完全交图会审的情况下先行施工，对支撑高大模板的脚手架搭设地基变化情况分析判断不明；脚手架搭设前没有进行设计，缺少计算，仅凭经验进行搭设；搭设前无安全技术交底记录，搭设后没有验收记录等。

（2）监理咨询公司编制的该工程监理规划和实施细则没有审批记录；对于支撑高大模板的脚手架搭设，无检查验收书面记录；对脚手架存在的安全隐患没有及时下达书面整改通知并监督整改，也未向建设单位汇报等。

（3）设计公司设计的该工程施工图纸缺少审定人签字，本应三级校审的图纸只进行了两级校审；设计公司未参加图纸会审，对变径柱的计算高度不明确；设计图纸上立柱 9 m 处标有连梁，但施工期间未浇筑，设计公司未做出有连梁与无连梁两种工况的计算说明；设计公司未参加该工程的基槽验收等。

（4）地质勘查公司未参加该工程的基槽验收，没履行相关手续等。

（三）管理原因

该水泥公司作为工程的建设单位，对施工单位、监理单位等具有监管职责。该事故中，施工图纸未设计完成，未经会审合格，施工单位就已经开始施工了。建设单位未对该工程的安全工作进行有效的统一协调和管理。

当地政府对建设集团公司的安全生产属地管理职责履行不力、管理不到位，安全生产大检查不全面、不彻底等。

市建筑工程管理局作为该事发施工单位的行业主管部门履行职责不力，在为期 4 个月的安全生产大检查期间，没有到该工程工地进行安全检查，覆盖率未按要求达到 100%；对该工程施工过程中违反规范要求等行为失察，对该工程的项目经理无证上岗情况失察等。

三、完整性管理分析

（一）风险评估与管理

施工单位在脚手架搭设过程中，未认真履行技术管理职责、现场安全管理职责，对该工程高大模板及支撑脚手架搭设未编制专项施工方案，脚手架搭设前无安全技术交底记录，脚手架搭设后没有参与验收等。在对该工程脚手架搭设的地基变化情况分析判断不明的情况下组织施工，对施工现场未认真进行安全检查，未能及时发现和消除事故隐患等。事实证明，脚手架个别立杆有搭接现象、架体剪刀撑缺少、顶部水平拉杆未加密等诸多隐患，导致架体局部变形失稳，造成模板支撑坍塌。

监理单位对脚手架搭设无检查验收书面记录，对脚手架存在的安全隐患没有及时下达书面整改通知并监督整改，也未向建设单位汇报。

工程施工图纸本应三级校审而只进行了两级校审，同时图纸缺少审定人签字；设计单位未参加图纸会审，对变径柱的计算高度不明确；设计图纸上立柱9 m处标有连梁，但施工期间未浇筑，设计单位未做出有连梁与无连梁两种工况的计算说明；设计单位未参加该工程的基槽验收等。

建设单位在此过程中也没有尽到监管的职责，对现场脚手架存在的风险没有辨识出来。

综上，施工过程存在诸多安全隐患，施工单位、监理单位、勘察单位、设计单位、建设单位等都未对存在的风险采取控制措施，在安全管理方面存在缺陷，也存在过失，最终导致事故发生。

（二）变更管理

施工图纸未经最终会审，也没有审定人签字（该工程存在边设计边施工现象）；设计单位在施工图纸对变径柱的计算高度不明确；设计图纸上立柱9 m处标有连梁，但施工期间未浇筑，设计单位未做出有连梁与无连梁两种工况的计算说明。施工过程与施工图纸存在变更，施工单位并没有评估变更的风险和采取应对措施，也没有征求设计单位的意见。监理单位对此没有提出异议，也没有跟建设单位沟通。

（三）工程授权

建设集团有限公司，事发工程施工单位，持有住房和城乡建设部颁发的房屋建筑工程施工总承包壹级资质证，该证在有效期内；监理咨询有限公司，事发工程监理单位，持有住房和城乡建设部颁发的工程监理资质证，该证在有效期内；地质勘查公司，事发工程勘察单位，持有住房和城乡建设部颁发的岩土工程勘查甲级资质证，该证在有效期内；南京凯盛国际工程有限公司，事发工程设计单位，持有住房和城乡建设部颁发的水泥工程设计甲级资质证，该证在有效期内。

四家公司的资质证书都在有效期内，也都是在资质范围内开展施工项目。在该事故中，四家公司都有过失，尤其是施工单位，在未对脚手架进行验收合格的情况下就开始施工，是事故的直接责任者。

（四）应急响应

事故发生后，建设单位立即启动了应急救援预案；当地政府各部门领导第一时间赶赴事故现场，成立了事故抢险救援指挥部，制定救援方案，指挥现场救援工作，为抢救伤员争取了时间。

（五）完整性管理与经验教训的实施

1. 工程技术对策

2015 年 1 月 1 日正式实施的《建筑业企业资质标准》（建市〔2014〕159 号）对脚手架的搭设资质进行了规定。在涉及搭设脚手架的工程中，一定要请有资质的公司进行脚手架的搭设，并在验收合格后方可使用。

在脚手架搭设及高大模板工程施工前，编制专项施工方案并经过审核确认；搭设脚手架前应进行安全技术交底。在工程施工图纸编制、审核完成前，禁止开工建设。

选择安全绩效良好、有资质的监理公司。

2. 安全教育对策

建设单位应对承包方进行施工前的安全技术交底，对承包方作业人员的资质严格把关，定期对作业人员开展安全教育培训，增加作业人员风险辨识的知识，提高作业人员的安全意识。

3. 安全管理对策

作为工程的建设单位，水泥公司要抓好发包工程在施工过程中的安全管理，杜绝“以包代管”，必须对发包工程实行动态管理；要督促各相关单位共同对项目建设进行全过程、全方位、全员、全天候的安全把关，统一协调安全管理工作，消除生产中的不安全因素；施工单位要改变边设计图纸边安排施工的行为，必须待设计图纸齐全、会审合格后，再行安排施工；施工过程中如有变更，应先经过设计单位、建设单位同意后方可进行。

四、类似性质事故收集、阅读

（一）脚手架不合格致垮塌事故

2008 年 9 月 7 日，某水泥公司员工在 4 号窑 57 m 处脚手架上进行损坏的轴流风机更换作业时，因脚手架突然垮塌造成 1 死 2 伤的安全事故。事故现场如图 2-35 和图 2-36 所示。

2008 年 9 月 7 日 15 时 30 分左右，该公司烧成二工段工段长秦某对设备点检时发现四线窑 57 m 处的脚手架上方 850 mm 的平台上设置的 7 台轴流风机中有一台不转，随即联系电气人员检查故障。此时工段巡检工于某正好巡检到该处，秦某便通知工段维修工曹某及另外一人赶到现场配合处理。

7 日 16 时 30 分左右，秦某、于某和曹某相继从窑中平台上到距离地面约 10 m 的脚手架平台，开始检查风机，待吊车到位后进行拆除。16 时 45 分，吊车到场后，秦某和于某开始拆除风机。17 时 5 分，秦某和于某两人站立的脚手架突然垮塌，秦某、于某和刚爬上脚手架正行至中间的曹某 3 人同时摔到地面，放置在脚手架上的 7 台 3 kW 轴流风机也随之坠落。

事故发生后，公司立即组织人员抢救，将 3 人立即送往医院抢救。于某因抢救无效死亡，曹某和秦某在医院治疗。

图 2-35 事故现场（一）

图 2-36 事故现场（二）

（二）脚手架垮塌事故

2013 年 12 月 26 日 17 时 20 分，某水泥公司钢渣微粉及输送车间在浇筑二层梁板时发生坍塌，造成 5 人死亡、1 人重伤、8 人轻伤的较大事故。

2013 年，该水泥公司建设矿渣微粉项目，项目位于某村北、某村南。该建设项目未办理土地、规划、建设等相关手续，施工过程中未聘请工程监理单位。2013 年 3 月 16 日，该水泥公司与某施工队签订施工合同。

该建设项目于 2013 年 3 月 10 日开始施工。至 12 月 26 日，配料站、粉煤灰库已完工，化验室正在装修，办公楼主体完成 80%，磨机厂房（钢渣微粉及输送车间）正在进行二层浇筑作业。

2013 年 12 月 26 日 8 时，开始进行钢渣微粉及输送车间的二层梁板浇筑作业。当天 16 时左右，主梁浇筑作业到一半的时候，施工队发现支撑体系存在隐患，组织 30 多名工人对④至⑤轴中间部分的支撑和模板进行加固，然后继续进行混凝土浇筑作业。17 时 20 分，④至⑤轴部位的支撑体系突然发生坍塌，造成整个支撑体系失稳坍塌。当时，模板下方有 5 名工人“看模板”（其中 1 名因看不清，回工房取照明灯），上方有 7 名混凝土工、1 名木工、1 名钢筋工、1 名泵车司机。倒塌的废墟及模具将 12 人掩埋，2 人被擦伤。

事故发生后，现场施工工人迅速开展自救工作，清理废墟，抢救被埋人员和受伤人员，同时拨打 120 急救电话。12 月 27 日 5 时许，被掩埋工人中的 7 人被救出，并紧急送往市医院抢救。12 月 27 日 24 时，李某等 5 人被救出，其中 1 人经医院抢救无效死亡，其余 4 人救出时已无生命迹象，抢险救援工作结束。

事故厂房于 2013 年 8 月开工建设，为二层框架结构，层高 13 m（含首层），东西长 52. 8 m（轴跨），自东向西为①轴、②轴、③轴、④轴、⑤轴，共 4 跨，南北进深 14 m（轴跨），自北向南为 A 轴、B 轴，共 1 跨，梁板柱混凝土设计强度等级为 C35。坍塌部位位于二层②至⑤轴的二层现浇梁板。施工过程中，未制定专项施工方案。

案例 3　相关方人员触电死亡事故

一、事故经过描述

2013 年 8 月 21 日 8 时 30 分许，某水泥公司即将拆除的配电室内发生一起触电事故，造成 1 人死亡。

2012 年 6 月 25 日，该水泥公司与某建筑物拆除公司（简称“拆除公司”）签订了水泥公司厂区原建（构）筑物、设备拆除工程合同，按合同约定该拆除公司负责水泥公司厂区原建（构）筑物、设备拆除工程。拆除公司施工现场作业负责人为谢某。

2013 年 8 月 19 日晚，水泥公司会议确定，院内配电室近期准备拆除。2013 年 8 月 20 日 9 时许，公司工程部专职安全员陈某电话通知拆除公司施工现场作业负责人谢某，让其做好拆除前的准备。段某（个体回收从业者）从朋友邢某（个体回收从业者）处得到水泥公司配电室准备拆除的消息。

8 月 20 日 10 时许，段某和搞回收的杨某联系，让他来看看配电设备。杨某电话通知了李某。

8月21日李某和本村的边某驾驶汽车赶往水泥公司。当天8时许，李某和边某到水泥公司门口。8时25分左右，段某赶到后和李某、边某一起进入公司院内来到准备拆除的配电室。途中，边某问段某："设备是不是你们的?"段某回答："是，是去年拆老厂的时候剩下的。"进入配电室后，段某向他们介绍了设备情况。随后，边某和李某开始查看设备。期间，段某穿过直流屏室、值班室走进了低压配电室。此时，水泥公司的电工王某和另外一家公司的电工任某正在低压配电室内进行倒盘作业。

21日8时30分左右，边某打开两个高压配电柜查看里面的构造。李某将配电室内的梯子（非绝缘梯）立到高压配电柜上，爬上梯子想查看高压配电柜上部设备情况。李某右手不慎接触了连接排线，被高压电（10 kV）击中，从梯子上摔了下来，头部被摔破。边某赶紧进行了急救，从低压配电室内出来的段某拨打了120急救电话，随后赶到的水泥公司工程部专职安全员陈某对伤者进行了人工呼吸。约20分钟后120急救车赶到，将伤者李某送往当地医院抢救，经抢救无效死亡。

二、事故原因分析

（一）直接原因

段某在不知配电设备是否带电的情况下带领李某、边某到配电室查看设备，李某爬上高压配电柜查看上部设备时，右手不慎触及10 kV的高压排线，被高压电击中身亡。

（二）间接原因

段某谎称配电设备是自己的，在未经水泥公司许可的情况下，擅自带领李某、边某等人进入配电室查看设备，且未进行验电，未对设备是否带电进行有效确认。

（三）管理原因

水泥公司在建项目施工期间对进入厂内的人员管理不到位，未及时发现和制止无关人员进入厂内，且进入危险区域。对高压配电室内的设备设施管理不到位，非绝缘梯子出现在高压配电室内也是一种隐患。

在配电室还未断电的情况下，陈某通知拆除公司做好拆除准备。拆除公司安全管理混乱，将此消息泄露给个体回收人员。

三、完整性管理分析

（一）风险评估与管理

边某、李某二人在检查配电室时并未确认配电室是否断电，边某擅自打开高压配电柜的柜门，李某爬上非绝缘梯子查看高压配电柜上部设备情况，二人没有对高压配电室存在的风险进行分析，缺乏安全意识。

（二）事故隐患

水泥公司在通知拆除公司进行配电室拆除时，没有对配电室进行断电处理，为事故的发生埋下了隐患。

（三）变更管理

该起事故中存在变更。拆除公司施工现场作业负责人谢某在得到拆除配电室通知以后，不知出于什么原因，把这个消息告诉了邢某，而邢某又告诉了段某，段某告诉了搞回收的杨某。段某谎称设备是自己的，在未获得水泥公司批准的情况下，带领李某、边某进入配电室，导致事故的发生。

拆除公司负责水泥公司厂区原建（构）筑物、设备拆除工程，本该拆除公司人员实施的拆除工作，却告知了个体回收人员并由其拆除，拆除公司也存在管理问题。

（四）工程授权

段某出于利益考虑，在未取得拆除公司、水泥公司允许的情况下，私自带人进入水泥公司内，对即将拆除的配电室进行查看。

（五）保护系统

李某进入高压配电室检查配电柜时未佩戴绝缘手套，在试图查看高压配电柜上部设备情况时使用的也是非绝缘梯的梯子。

（六）完整性管理与经验教训的实施

1. 工程技术对策

对即将拆除的带电设备进行断电处理，对施工期间进入公司的外来人员严格管理，严禁无关人员进入。对配电室等带电场所的工器具进行检查，避免工器具的乱放、乱用。

2. 安全教育对策

对相关方人员进行安全教育培训，加强对相关方人员的管理。

3. 安全管理对策

水泥公司在项目建设施工和拆除施工中，应根据施工单位多、交叉作业多、施工人员杂的实际情况，对相关单位进行监督，对作业人员实施严格管理，统一协调解决好交叉作业中的安全问题，制定切实可行的作业方案和安全防范措施，确保作业安全。

对所有进厂人员采取有效措施，严把进厂关，切实防止闲杂人员入厂。对现场的设备设施严格管理，尤其是配电室等带电场所的设施。

拆除公司应加强对拆除项目的管理，严禁将拆除项目转包给其他公司或个人，防止此类事故的再次发生。

四、类似性质事故收集、阅读

(一) 高处作业未系安全带坠落事故

2015 年 5 月 10 日 11 时 40 分左右，某装备工程公司（简称“装备公司”）在某水泥公司吸尘楼前面的施工工地进行施工时发生一起高处坠落事故，造成 1 人死亡。

2014 年 2 月装备公司与水泥公司签订《机电设备安装工程施工合同》，由该公司负责水泥公司的机电设备安装。2014 年 4 月水泥公司与装备公司第三项目部签订《外包安全协议》，约定双方相关安全责任。

2015 年 5 月 10 日 11 时 40 分左右，在水泥公司厂区窑尾电力室施工工地，装备公司电气班组的 4 名工人韩某、畅某、常某、杜某（吊车司机）用移动起重机（25 t 汽车吊）搬运电缆时，由于作业区有一个钢架（钢架长 6.9 m、宽 2.2 m、高 2.7 m）影响堆放电缆，于是施工作业人员将该钢架吊离至不影响堆放电缆的路边。在起重机将钢架吊至预定的地面位置后，常某没有系安全带就直接攀爬到钢架上摘除起重机吊钩。在摘除起重机吊钩的过程中常某脚下踩空不慎从钢架上摔落，落地过程中其佩戴的安全帽脱落甩飞，头部后脑撞到了钢架的边铁，造成后脑及耳部受伤出血。事故发生后，在现场共同施工作业的韩某立即打 120 急救电话，同时，为了赶时间施工方也立即组织人员用施工现场的小货车将常某送往当地人民医院抢救。常某在人民医院经抢救无效于当天死亡。

(二) 无资质人员高处作业未系安全带坠落事故

2016 年 5 月 17 日 9 时左右，某施工队在一水泥公司熟料堆棚更换被损坏的部分铁皮彩瓦时，发生一起工人不慎高处坠落死亡的生产安全事故。

2016 年 3 月下旬，某运输公司的车辆卸完熟料后在司机检查车厢情况时，驾驶室车门自动落锁，导致司机无法控制车厢升降系统，车辆不慎将水泥公司熟料堆棚部分棚面铁皮彩瓦损坏。因该车辆在保险公司投保，运输公司要求保险公司对车辆损坏的熟料堆棚部分棚面铁皮彩瓦进行理赔。查勘现场取证后，保险公司与某施工队联系修复棚面铁皮彩瓦。

施工队与水泥公司沟通后，5 月 17 日上午施工队的主要负责人刘某派李某、颜某、郭某、代某、杨某等 5 名工人到水泥公司熟料堆棚维修被损坏的铁皮彩瓦。8 时 30 分左右，他们从熟料堆棚大门左侧爬上房顶，颜某负责割铁皮彩瓦，代某（死者）帮颜某牵氧气管，其他人负责掀房顶上的彩条布。当颜某割了 2 块铁皮彩瓦后，代某为方便作业，在移动过程中解掉安全绳，右手拿着氧气管，左手抓住棚面横梁以便稳定自己。代某抓的横梁正好是已严重损坏的横梁，在自身重力作用下横梁和代某本人从熟料棚棚面坠落到水泥熟料堆上。

17 日 9 时左右，正在棚面作业的郭某发现后，立即叫李某拨打 120 急救中心、110、主要负责人刘某和水泥公司有关人员的电话。10 多分钟后，120 急救中心救护车赶到，医生进行抢救后证实代某已死亡。

（三）无资质人员鲁莽施工致死亡事故

2016 年 7 月 14 日，某水泥公司发生一起坍塌死亡事故，造成 1 人死亡。

2014 年底，某水泥厂停产。2015 年 12 月，该水泥厂进行拆除工程项目招标，某建设公司中标，并于 2016 年 1 月 12 日签订了拆除合同，合同范围包括设备机械和与生产有关的构筑土建工程的拆除。该工程实际承包者是挂靠在该建设公司名下的授权代理人童某、翁某、冯某等。合同签订后，拆除工程开始施工，施工现场由冯某管理。

2016 年 7 月 12 日，冯某与个体挖机老板周某签订了使用挖机拆除生料库和生料磨房的协议。7 月 14 日上午，在拆除工地上，外包挖机驾驶员李某操作挖机着手拆除水泥厂内的生料库（底部直径 15 m，高 55 m，钢筋混凝土结构）。李某用挖机在生料库基部打洞，挖机老板周某通过对讲机在现场指挥，计划让生料库向西边倾倒落地，不料由于挖机在东边打的洞太大，9 时许，生料库向东边倾倒，生料库倒下压塌了东边的生料磨房（36. 2 m 高，13 m 宽，钢筋混凝土结构）。生料库和生料磨房同时坍塌，挖机驾驶员未来得及逃离，连人带挖机被埋在生料库和生料磨房的废墟中。旁边工友连忙报警求救。经区消防大队、镇城管办、镇专职消防队和企业施工队伍等多方力量积极施救，到傍晚 19 时左右，挖机驾驶员李某被救出，但李某已死亡。

第三章 总　　结

至此，事故解析告一段落。血淋淋的事故现场依然历历在目，萦绕脑海。

纵观近几年来水泥企业发生的安全事故，究其原因，90%以上都是由于人的不安全行为引起的。但是在人的不安全行为背后，也不乏企业管理者不重视安全生产工作、管理者安全意识淡薄、企业安全生产管理制度缺乏或执行不到位等原因，也即事故发生的真正原因是企业的安全生产管理问题。当然，这也与企业对事故的管理仅限于事后管理有关。事故发生后，有的企业接受罚款、处罚相关责任人了事，有的企业甚至把责任完全推给死亡人员来规避对其他人员的处罚。多数企业针对事故采取的整改措施只是就事论事，处理相关责任人了事，做不到从源头上整改，更不会将事故的经验教训融入日常的安全生产管理中，这也导致了相同或相似性质的事故重复发生。

在行业内，各种事故重复发生的现象比较常见，其中很重要的一个原因就是企业间事故信息不通畅、信息不共享，即使是分享的信息也不可能是全面、真实的，除非是影响特别大、关注度特别高的事故，如天津港“8·12”特别重大火灾爆炸事故、昆山中荣金属爆炸事故等。企业在发生事故以后，通常的做法仍然是瞒报、迟报、不报等，更不用说跟其他企业共享信息了。另外一个原因是，在政府部门公开的事故调查报告中，有些事故的原因分析也有不到位的地方，这与事故调查组的组成、调查组的临时性有关系。实际上许多重大事故的影响因素较为复杂，难以在短期内查清，需要进一步调研分析和实验才能得出科学的结论，这些工作是临时组织难以胜任的。另外，参与调查的人员站在不同部门的角度考虑问题，各持己见，客观上也不利于形成科学的结论。

因此，在收集素材时，最大的难题就是对事故案例的收集，尤其是收集资料相对完善、真实的事故案例。

在对事故进行解析时，采用两种事故原因分析的思路：一种是按照直接原因、间接原因、管理原因对事故原因进行分析，另一种是按照完整性管理的十个方面对事故原因进行分析。

前一种方法简单明了，容易理解。将人、物、环等不安全因素作为直接原因；将引起人、物、环等不安全因素的原因作为间接原因；管理原因则是企业管理方面存在的缺陷，也是导致人、物、环等不安全因素产生的真正原因。另外，按照直接原因、间接原因、管理原因的顺序对事故原因进行排序，会给人一种按照事故原因的重要程度排序的错觉。其实不然，直接原因只是导致事故发生的表面现象，间接原因和管理原因才是问题的实质，是事故原因由表象到本质、由浅入深的分析。但企业在整改问题过程中，往往只重视直接原因和间接原因，而忽视管理原因。

完整性管理分析条理清晰，内容系统、全面。该分析方法首先从风险、风险管理入手，依次对隐患、变更、作业许可、涉及的设备、安全设施、劳动防护用品、作业人员的能力、事故和未遂事件的调查情况以及事后的应急响应情况等进行分析，最后提出经验教训的实施对策。完整性管理分析的着眼点不仅是本次事故，还涉及事故发生之前的隐患、事件等，以及企业日常的安全生产管理工作，如风险管理、隐患管理、未遂事件的管理等，有助于企业找到问题的根源，从源头解决问题。建议企业在做事故原因分析时，可以考虑采用此种方法。

本书用简单、通俗易懂的语言对水泥企业发生的比较典型的、有代表意义的事故进行描述和进行原因分析，期望能达到经验教训分享、学习的目的。事故案例虽然来源于水泥企业，但从事故中得到的经验教训也可以应用到其他行业企业。

附录A 企业生产安全事故调查分析

水泥企业高速发展十余年来，生产安全事故也随着生产技术的发展而趋于多样和严重，如电石渣库闪爆事故致7人死亡，其后果严重程度行业少见。作为传统的工业企业，水泥企业皮带绞人事故、触电事故、车辆伤害事故、脚手架坍塌等事故仍然较为多见。

事故的发生既有它的偶然性，也有必然性。如果潜在的事故发生条件（一般称之为事故隐患）存在，那么什么时候发生事故是偶然的，但发生事故是必然的。因此，只有通过事故调查，发现事故发生的潜在条件，包括事故发生的直接原因、间接原因和管理原因，找出其发生发展的过程，才能防止类似事故的发生。

事故管理的目的是在事故调查分析的基础上，探究事故发生的真正原因，掌握事故的发生过程、原因及规律，从源头上对问题进行整改，从而避免类似事故的再次发生。因此，做好事故调查是开展事故管理的第一步。

根据《生产安全事故报告和调查处理条例》的规定，我国事故调查采取属地为主、分级调查的原则，即国务院以及国务院授权的国家安全生产监督管理部门负责和组织特别重大事故调查，事故发生地省级人民政府、设区的市级人民政府、县级人民政府分别负责重大事故、较大事故、一般事故的调查。省级人民政府、设区的市级人民政府、县级人民政府可以直接组织事故调查组进行调查，也可以授权或者委托有关部门组织事故调查组进行调查。

本部分内容介绍的是企业内部应如何开展对事故、事件的调查分析，如何挖掘事故、事件发生的真实原因，从而规范企业事故调查方式方法，形成完整的事故、事件调查程序。对发生的各类事故、事件进行调查统计分析，是企业安全生产工作的重要组成部分。真实、全面的统计信息是企业开展各项安全生产工作的重要依据，能够帮助企业更准确地发现问题、解决问题。

一、事故调查流程

企业应建立《安全事故管理制度》，明确企业内部事故调查的负责部门、组成人员、调查人员的职责、事故调查流程等，并可以参照图A-1所示的事故调查流程开展工作。

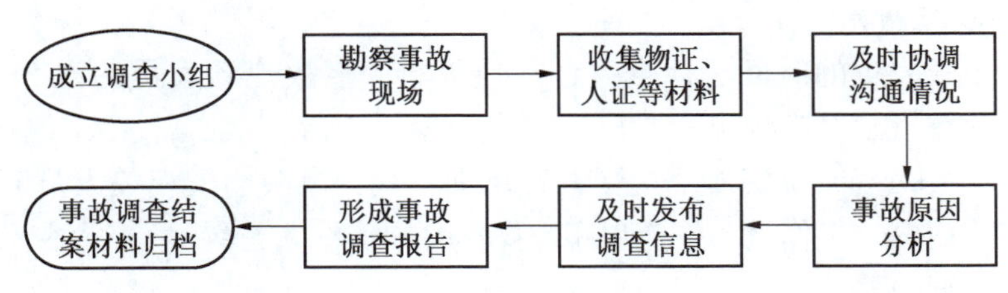

图A-1 事故调查流程

二、事故现场调查内容

企业内部开展事故或未遂事件的调查，管理层可根据兴趣参与事故调查，因为他们想要找出事故发生的真正原因进而改善操作规程。但是，管理层的参与会抑制信息或想法的自由交流。因此，如果可能的话，事故调查小组中应避免高层管理人员参与。

事故调查小组的人数应取决于事故的具体情况，可以根据要找出事故原因的人的技能而变化。例如，对于一起简单事故，如果组长具有工作环境的知识，那么只要组长和一个组员参与事故调查就足够了。如果一起事故造成了严重后果，事故发生的原因也很复杂，则可能需要多位各领域的专家参与事故调查。

找出事故发生原因的关键在于小组成员是否具备适当的技能和知识。如果小组成员中有亲身经历事故发生的人参与，那么他们参与事故调查时会因受到了轻微的恐惧而无偏见。如果事故涉及技术方面的问题，那么就需要一名设计或工艺工程师的参与。另外，安全和环保专家、材料专家、设备检查员、机械维修人员、供货商代表、消防专家、应急响应专家等，如果需要，也可以考虑作为正式的小组成员，或是为调查小组提供咨询。

（一）事故调查的原则

事故调查处理应当坚持实事求是、尊重科学的原则，要及时、准确地查清事故发生经过、事故原因和事故伤亡情况和损失，查明事故性质，认定事故责任，总结事故教训，提出整改措施，并对事故责任者依法依规追究责任。

（二）事故现场勘查工作的内容

1. 现场物证

包括破损部件、碎片、残留物、致害物及位置等。对在现场搜集到的所有物件应贴上标签，注明时间、地点、管理者；所有物件应保持原样，不准冲洗擦拭；对健康有危害的物件，应采取不损坏原始证据的安全防护措施，明确保管人和保管地点。

2. 事故及相关人员情况

包括事故发生的时间、地点；合规性资料；事故现场人员的姓名、性别、年龄、文化程度、健康状况、岗位、技术等级、工龄、本工种工龄、用工方式等；事故相关人员岗位资质、接受教育培训情况；事故当天相关人员开始工作时间、工作内容、工作量、作业程序、操作时的动作（位置）、个人劳动防护用品的穿戴情况等。

3. 事故发生的证实性资料

包括事故发生前设备、设施的性能和合规状况；事故现场气候、照明、湿度、温度、通风、声响、色彩度、道路、工作面状况、有毒有害物质取样分析记录及其他可能与事故致因有关的细节或因素；有关设计和工艺方面的技术文件；规章制度、体系文件、操作规程、施工方案、工作指令、作业许可、工艺卡片、应急预案等资料及执行情况；施工记录、运行记录、交接班记录、巡检记录、监督管理记录、相关会议记录等证实性资料；有关合同及其他与事故相关的文件。

4. 图像证据材料

包括显示物证和伤亡人员位置、可能被清除或践踏的痕迹、反映事故现场全貌的所有照片或影像资料；事故现场示意图、流程图、现场人员位置图等。

现场摄影应显示残骸和受害者原始存息地的所有照片；可能被清除或被践踏的痕迹，如刹车痕迹、地面和建筑物的伤痕，火灾引起损害的照片；事故现场全貌等。

（三）事故现场开展对有关人员的询问

根据事故情况确定询问对象，主要包括企业主要负责人（法定代表人、主管安全负责人），与事故有关的工段（队）长、班组长，伤亡人员的同班组人员、和伤亡人员一起工作的其他人员，安全管理人员，其他有关人员和知情人员，事故涉及的建设单位、总承包商，以及设计、采购、施工、安装、监督、监理等单位的相关人员。询问对象可根据情况进行调整。

根据询问的目的和对象，拟定询问提纲，内容一般包括：询问对象的基本情况、事故发生过程、现场目击状况、现场人员情况、异常变化情况、应急处置情况以及与事故有关的其他情况。

询问应当由 2 名以上调查人员进行。询问前，调查人员应向询问对象告知其有提供有关情况的义务，并对其所提供情况的真实性负责。询问过程中，应做好相应笔录；询问结束后，被调查人在调查笔录上逐页签字，在修改处押印，并在笔录的终了处注明对笔录的真实性的意见，如签写“以上笔录看过，与我说的一样”。

开展现场询问应注意的事项：

（1）理想的询问地点最好是在被询问人员熟悉的环境中进行，以免人员感到不舒服。

（2）询问要着重于事故的预防，而不是责备被询问人员。

（3）询问最好单独进行，以免人员相互影响。

（4）问题不能是吓人的问题，应该让被询问人员清楚地说明发生了什么事情。

三、事故调查方法

事故调查方法应从现场勘察、调查询问入手，收集人证、物证材料，进行必要的技术鉴定和模拟试验，寻求事故原因及责任者，并提出防范措施。事故调查方法如图 A-2 所示。

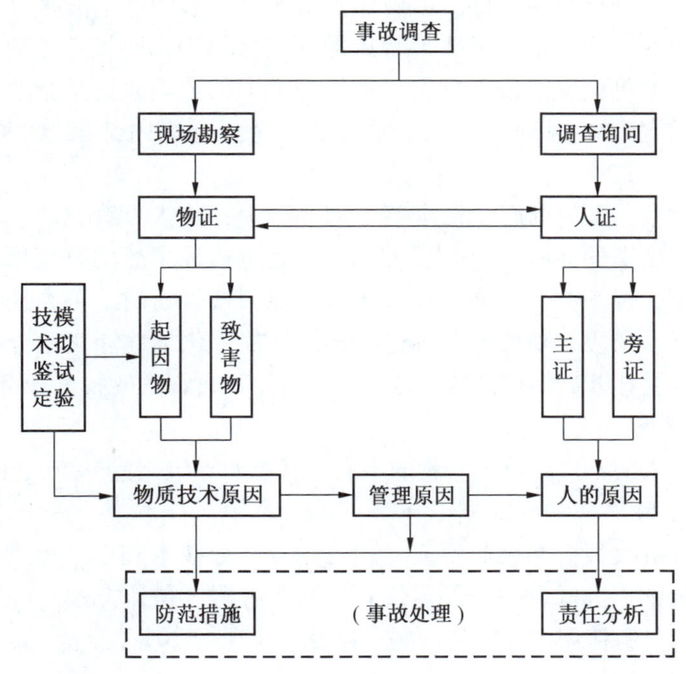

图 A-2　事故调查方法

进行技术鉴定与模拟试验的方法有：

（1）对设备、器材的破损、变形、腐蚀等情况，必要时可做技术鉴定。

（2）对设备的零部件结构、设计及规格尺寸的复核、计算。

（3）必要时可做模拟试验，如火灾的起因分析，但应在保证安全的前提下进行。

四、事故分析

（一）事故分析步骤

（1）整理和阅读调查材料。

（2）按以下 7 项内容进行分析：①受伤部位；②受伤性质；③起因物；④致害物；⑤伤害方式；⑥不安全状态；⑦不安全行为。具体内容见《企业职工伤亡事故分类标准》（GB 6441—1986）附录 A。

（3）确定事故的直接原因、间接原因、管理原因。

（4）进行完整性管理分析。

（5）根据事故原因确定事故的责任者。

（二）事故原因分析

调查事故和分析未遂事件，不仅要找出事故或事件产生的直接原因和间接原因，更重要的是找出事故或事件背后的深层次原因，即管理方面的原因。但是如何查找出本单位事故或事件发生的管理方面的原因，这是企业和安监部门要共同面对且经常会遇到的问题，尤其是在企业开展内部事故、事件调查的时候。

在现场勘察、人员询问、技术鉴定的基础上，从人、物、环、管四个方面对事故中暴露出来的问题进行分析和归纳，确定造成事故的直接原因、间接原因和管理原因。现场调查不能完全确定事故原因或性质时，可委托有资质单位对使用的材料、介质、相关产品等进行物理性能、化学性能实验分析或质量性能鉴定，也可委托开展模拟试验，通过技术鉴定进行深入的技术分析。

1. 直接原因

是指由于人的不安全行为、物的不安全状态而导致能量失控的直接因素。

2. 间接原因

是指导致事故直接原因产生或存在的因素。如技术和设计上有缺陷——工业构件、建筑物、机械设备、仪器仪表、工艺过程、操作方法、维修检验等的设计、施工和材料使用中存在的问题，以及作业现场环境不良等。

3. 管理原因

是指由于管理上存在问题导致事故发生的间接因素。如未建立组织结构或组织结构不健全，职责分工不清，劳动组织不合理，安全生产投入不足，未制定相应规章制度、操作规程或规章制度、操作规程不健全，个人劳动防护用品、用具缺乏或有缺陷，员工不具备上岗条件、缺乏安全操作技能和知识，没有或不认真实施安全防范措施，对现场工作缺乏检查等。

（三）完整性管理分析

建议企业可以按照完整性管理分析方法，对事故发生的人、机、料、法、环等从完整性管理的十个方面进行分析，以便加深员工对事故原因和发生经过的理解，从中吸取事故经验教训。

（四）事故责任分析

事故责任分析是在查明事故的原因后，分清事故的责任，使企业领导和职工从中吸取教训，改进工作。在事故责任分析中，应通过对事故直接原因、间接原因和管理原因的认定，确定事故的直接责任者和领导责任者。对于直接责任者和领导责任者，根据其在事故发生过程中的作用，确定主要责任者。根据事故后果对事故责任者提出处理意见。

因下述原因造成事故的，应首先追究有关领导的责任：

（1）没有按时对工人进行安全教育和技术培训，或未经工种考试合格就上岗操作的。

（2）缺乏安全技术操作规程或安全技术操作规程不健全的。

（3）设备严重失修或超负荷运转的。

（4）安全措施、安全信号、安全标志、安全用具、个人防护用品缺乏或有缺陷的。

（5）对事故熟视无睹，不认真采取措施或挪用安全技术措施经费，致使重复发生同类事故的。

（6）对现场工作缺乏检查或指导错误的。

因下述原因造成事故的，应追究有关人员的责任：

（1）违章指挥或违章操作、冒险作业的。

（2）违反安全生产责任制、违反劳动纪律、玩忽职守的。

（3）擅自开动机器设备，擅自更改、拆除、毁坏、挪用安全装置和设备的。

五、事故调查报告

事故调查报告应当包括下列内容：

（一）事故简要概述

内容包括事故发生时间、地点、事故类型、人员伤亡情况、直接经济损失、间接经济损失等。

（二）相关单位概况

内容包括相关单位的成立时间、注册地址、所有制性质、隶属关系、经营范围、证照情况、劳动组织及工程（施工）情况，以及与事故发生单位的关系情况等。

（三）事故发生经过和事故救援情况

内容包括事故发生过程、主要违章事实、事故后果等，事故报告、抢救、搜救情况等。在事故发生过程的描述中，一定要明确事故发生的时间链、作业人员的作业位置、作业程序、劳动防护用品穿戴情况、现场监护人员的情况、事故现场的环境、设备设施的情况等。

（四）事故造成的人员伤亡和直接经济损失、间接经济损失

人员伤亡情况包括：伤亡人员姓名、性别、出生年月、参加工作时间、学历、岗位、职位、受伤程度、损失工作日等。

直接经济损失是指因事故造成人身伤亡及善后处理支出的费用和毁坏财产的价值。直接经济损失包括：

（1）人身伤亡后所支出的费用：医疗费用（含护理费用）、丧葬及抚恤费用、补助及救济费用、歇工工资。

（2）善后处理费用：处理事故的事务性费用、现场抢救费用、清理现场费用、事故罚款和赔偿费用。

（3）财产损失价值：固定资产损失价值和流动资产损失价值。

间接经济损失是指因事故导致产值减少、资源破坏和受事故影响而造成其他损失的价值。间接经济损失包括：停产和减产损失价值、工作损失价值、资源损失价值、处理环境污染的费用、补充新职工的培训费用以及其他损失费用。

（五）事故发生的原因和事故性质

事故原因包括直接原因、间接原因、管理原因等。

（六）事故责任的认定以及对事故责任者的处理建议

内容包括事故责任者的基本情况（姓名、职务、主管工作等）、责任认定事实、责任追究的法律依据及处理建议，并按以下顺序排列：

（1）移送司法机关处理的；

（2）给予党纪政纪处分或经济处罚的；

（3）对事故单位的处罚建议。

（七）事故防范和整改措施

主要从技术和管理等方面对地方政府、有关部门和事故单位提出整改措施及建议，并对国家和省区市有关部门在制定政策、法规、规章和标准等方面提出建议。

事故调查报告应当附有关证据材料。事故调查组成员应当在事故调查报告上签名。

（八）附件

包括与事故直接相关的痕迹和物件的照片、事故现场示意图、工艺流程图、技术鉴定结论、直接经济损失统计表、与事故调查报告有关的其他重要资料等。

六、事故归档资料

在事故处理结案后，应归档的事故资料如下：

（1）职工伤亡事故登记表。

（2）职工死亡、重伤事故调查报告书及批复。

（3）现场调查记录、图纸、照片。

（4）技术鉴定和试验报告。

（5）物证、人证材料。

（6）直接和间接经济损失材料。

（7）事故责任者的自述材料。

（8）医疗部门对伤亡人员的诊断书。

（9）发生事故时的工艺条件、操作情况和设计资料。

（10）处分决定和受处分人员的检查材料。

（11）有关事故的通报、简报及文件。

（12）注明参加调查组的人员姓名、职务、单位的资料。

附录 B　未遂事件统计分析

海因里希法则指出：当一个企业有 300 个隐患或违章，必然要发生 29 起轻伤或故障，在这 29 起轻伤事故或故障当中，必然包含有一起重伤、死亡或重大事故。虽然海因里希法则是通过分析工伤事故的发生概率，为保险公司的经营提出的法则，但这一法则完全适用于其他行业企业的安全管理。

在实际的工作中，伤亡事故和未遂事件之间存在比例关系，如果我们能够降低未遂事件的发生概率，就可以降低伤亡事故的发生概率。事故的出现，可能造成人身伤害，也可能没有造成人身伤害，有无伤害这只是一个偶然性的问题，其本质并没有多大的区别。然而许多企业在对安全事故的认识和态度上普遍存在一个误区：只重视对事故本身进行总结，甚至会按照总结得出的结论“有针对性”地开展安全大检查，却忽视了对事故征兆进行排查；而那些未被发现的征兆，就成为下一次事故的隐患。长此以往，安全事故的发生就呈现出“连锁反应”。

未遂事件由于未造成实际的伤害后果，所以往往容易被人们所忽视，但是按照事故致因理论，未遂事件和伤害事故发生的机理与致因是一致的。通过对未遂事件进行辨识和管理，安全工作就能实现事半功倍的效果。

未遂事件管理是一种重要的事前预防型管理方法。做好未遂事件管理是对一切潜在危险做正确判断和评价的依据。抓好未遂事件的管理，对未遂事件进行统计分析，就能发现更多的事故隐患，就能真实地反映出作业环境的危险程度。

目前我国在事件管理中，对伤亡事故已建立了一套相对较为完善的收集、调查、分析、统计、处理的制度，但在多数领域内对未遂事件的信息还缺少系统的收集和管理，更没有进行相应的分析、调查和处理，致使大量未遂事件中有用的信息没有得到充分的挖掘和利用。因此如何加强对未遂事件的管理仍是安全管理工作中一个亟须解决的问题。

本部分内容针对当前企业在开展未遂事件统计过程中存在的问题，论述了企业开展未遂事件统计分析的必要性，以及应如何开展未遂事件的统计分析，从而规范、指导企业开展未遂事件的统计分析工作；旨在规范、指导企业开展未遂事件的统计分析，以利于提高企业的安全生产管理水平，提高员工的安全意识。

一、未遂事件定义

未遂事件，是指环境稍有不同便可能造成损失的事件。然而不同的生产行业、领域，不同的工厂，乃至每个人都对它的说法不一，至今我国安全生产法律法规也没有对此做明确的定义规定。

未遂事件的定义分为狭义和广义两种。对于狭义的未遂事件，我国安全生产界的定义是：在生产活动过程中发生的一个或一系列非计划的（意外的），可导致人员伤亡、设备损坏和财产损失的事件。事件的发生可能造成事故也可能并未造成任何损失。对于没有造成职业病、死亡、伤害、财产损失或其他损失的事件可称之为未遂事件或未遂过失。

广义的未遂事件是指人的不安全行为、物的不安全状态及其他可能导致事故后果的事件。如由管理因素、随机事件或时间因素引发的，由生产、设备、环境隐患和设计缺陷演变成的无伤害或轻微损失的险肇事件，在发生险肇事件的同时，由于及时采取有效措施，避免了发生人员伤亡或较大财产损失；由于人的不安全行为或物的不安全状态导致的、但是没有形成不良后果的事故或事件。

国际石油天然气生产者协会（OGP）将未遂事件定义为：任何具有潜在引起伤害和（或）破坏和（或）损失，但是由于条件不同而幸免于难的事件。《职业健康安全体系要求》（GB/T 28001—2011）中也有对事故、未遂事件的定义：事故是一种发生人身伤害、健康损害（是指可确认的、由工作活动和（或）工作相关状况引起或加重的身体或精神的不良状态）或死亡的事件。未发生人身伤害、健康损害或死亡的事件通常称为未遂事件。

斯奇巴（Skiba）指出，事故是指工作场所内由于人和物的相互作用并有能量释放而导致人员伤亡和物质损失的事件。他认为未遂事件是由人的不安全行为、物的不安全状态导致的没有造成任何损失的小事件。

根据对上述多个未遂事件概念的思考、分析，笔者将生产安全未遂事件定义为：由人的不安全行为或物的不安全状态及环境或管理等因素导致的可能损害企业、员工和公众利益但实际并未造成财产损失、人身伤亡、健康损害或环境破坏的意外事件。

过度暴露在危险化学物质、噪声、辐射和其他健康危害因素中，在这种暴露未引起可鉴定的疾病时也应被视为未遂事件。

二、未遂事件统计分析目的

未遂事件由于没有造成实际的伤亡和损失，相对于事故而言，是一种更为合适的学习工具。在生产过程中未遂事件发生的数量相对较多，通过定量化的研究，我们可以从大量未遂事件中获得更多的经验教训；且未遂事件规模上较小，分析起来更为直观、简单，解决起来也更为容易。因此，对未遂事件进行分析管理可以获得廉价的经验教训以避免事故的发生。

（1）提高员工的安全意识。未遂事件的管理可使员工的安全意识得到提高，安全行为得到转变，同时起到责任分担的作用。长期忽略生产过程中的未遂事件，就有可能造成麻痹大意的心理，降低管理人员和员工对不安全行为和危险因素的警惕，久而久之认为这种习惯是安全的，最终导致事故的发生。未遂事件管理为操作人员提供了一个有力的心理暗示，使其始终具有安全意识。

（2）未遂事件的数量较多，可以部分地解决安全管理中的量化问题，能获取充足的数据用来统计分析和追踪研究，有利于推动我国未遂事件数据库的建立，为提高安全生产量化管理或可靠性研究发挥作用。

（3）未遂事件管理可获得潜在的经济效益。从安全经济学的角度看，事前预防性措施的成本远低于事后处理性措施的成本。未遂事件管理的有效实施可以为企业带来巨大的潜在效益。

（4）通过大量的未遂事件数据统计分析，找到不安全因素的多发点，进一步为企业的安全投入和风险评估提供依据。

（5）制定未遂事件管理方法，为企业今后的未遂事件统计工作提供明确的制度和管理方向。

三、未遂事件管理

（一）未遂事件的收集

未遂事件的收集范围不仅限于员工工作8 h的工厂范围内，员工8 h以外的未遂事件也可以纳入企业的统计范围。另外，企业的相关方如承包商、供应商、客户等员工经历的未遂事件也可以纳入统计范围。

未遂事件的收集方式包括企业员工上报、员工举报、管理人员作业现场行为观察等手段，其中员工上报是未遂事件收集的主要方式。

未遂事件的收集需详细、准确、及时、全面。它是指在未遂事件发生后，发现者要在第一时间做出反应，详尽无误地将此未遂事件的所有相关因素上报至管理小组，不要因延误而造成伤害事故；同时未遂事件的上报要克服员工不会报告、不愿报告和报不报告无所谓的心理。企业应尽量采取措施鼓励员工参与未遂事件的收集工作，如：

（1）加强企业安全文化教育的宣传工作，使每位员工理解未遂事件管理的重要性，提高员工的安全责任感。

（2）实行免责报告制度和多种激励制度相结合的方式，激励员工上报未遂事件。即对员工积极上报未遂事件的不追究报告人和事件责任人的过失，奖励则包括物质奖励（生活用品）和精神奖励（会议公开表扬、厂长亲自接见、在公共场合张贴表扬信等）。

（3）设置最低限的未遂事件上报数目。可根据企业情况不同，如规定每月每人必须报告 1 件以上未遂事件；随着未遂事件管理成效的显现，可放宽时间，如两年后减少到每季度每人报告 1 件以上未遂事件。

（4）建立多渠道的未遂事件上报方式。可以用收集箱、内部局域网、电话、传真、电子邮件等形式上报未遂事件。管理小组需对未遂事件管理程序、报告工具等进行全员培训，让员工清楚如何使用上报工具、上报给谁等。在实施过程中要持之以恒，并听取员工意见，不断修正。

（5）统一未遂事件的报告格式。如果不规定专门的报告格式，各种各样的未遂事件报告格式在统计和分析过程中会消耗大量的时间，无疑给相关部门加大了工作量。而报告格式的设计既须考虑生产一线员工的文化素质，力求通俗易懂、简便易写，又方便管理人员对未遂事件进行分析、汇总。

表 B-1 是未遂事件统计表，供企业参考。

表 B-1　未遂事件统计表

<table>
<tr><td colspan="2">事件发生时间</td><td colspan="2"></td><td colspan="2">事件发生地点</td><td colspan="2"></td><td colspan="2">事件发生部门</td><td colspan="2"></td></tr>
<tr><td colspan="2" rowspan="2">事件发生人员</td><td>□员工</td><td rowspan="2">姓名</td><td colspan="2" rowspan="2"></td><td rowspan="2">年龄</td><td rowspan="2"></td><td rowspan="2">财产损失</td><td rowspan="2"></td><td rowspan="2">从事本岗位工龄</td><td rowspan="2"></td></tr>
<tr><td>□外协人员</td></tr>
<tr><td colspan="6">事件经过：</td><td colspan="6">事件现场照片：</td></tr>
<tr><td colspan="6">事件可能造成的后果：</td><td colspan="6" rowspan="4">防范控制措施：</td></tr>
<tr><td rowspan="4">事件原因分析</td><td>人的行为</td><td colspan="4"></td></tr>
<tr><td>物的状态</td><td colspan="4"></td></tr>
<tr><td>环境的影响</td><td colspan="4"></td></tr>
<tr><td>管理的缺失</td><td colspan="4"></td><td>措施落实人</td><td colspan="2"></td><td colspan="2">时间</td><td></td></tr>
<tr><td colspan="6">事件暴露出的问题：</td><td colspan="6">吸取的经验教训：</td></tr>
</table>

企业应建立相应的未遂事件上报程序，可参考图 B-1。

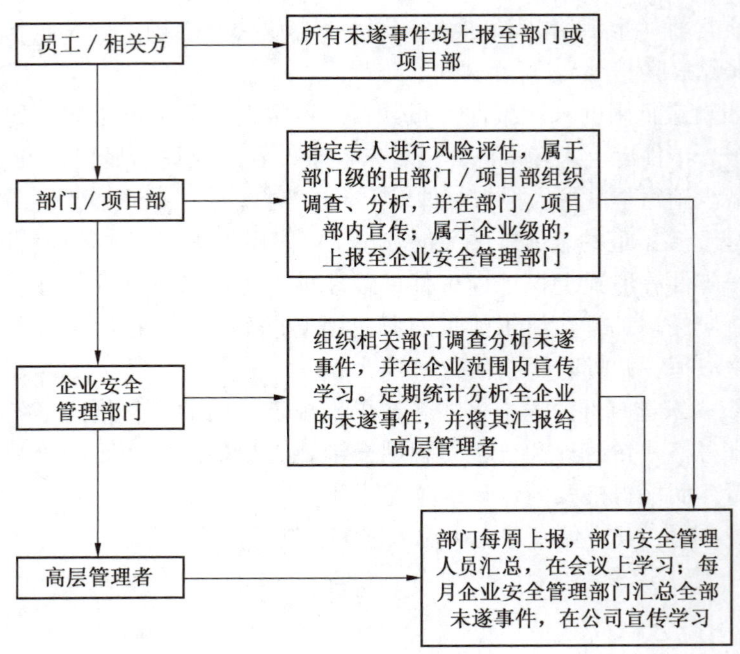

图 B-1 未遂事件上报程序

（二）未遂事件的分类

可以按照未遂事件主要致因分为：由于误操作或违反操作规程等人的不安全行为引起的未遂事件；由于腐蚀、老化等物的不安全状态引起的未遂事件；环境的不安全状况和管理缺陷等引起的未遂事件。

也可以根据可能导致的危险程度及后果将未遂事件分为一般未遂事件和较大未遂事件。一般未遂事件可以是潜在后果可能导致本岗位发生事故的事件，较大未遂事件可以是潜在后果可能导致企业发生事故的事件。

水泥企业可以根据组织结构级别对未遂事件进行层级管理。如企业各班组先对未遂事件做一定的统计分析，上报到部门，然后部门按照事件的影响范围、严重程度，有针对性地分析一些重要事件再上报到公司，有必要的还应在各公司共享。

推广层级管理活动可以明确各岗位的职责和权限，让大家对自己的职责、权利更加清楚。但是，层级管理如果使用不当也会出现一定的弊端。未遂事件在上报或整改的过程中，经过层层过滤会造成信息传递慢和失真。

（三）未遂事件的反馈

在未遂事件统计实施的过程中企业应鼓励员工自愿地、不受约束地报告发现的不安全信息。对于每一位员工上报的未遂事件，部门负责人都必须一一进行反馈。员工的建议或关注的事情得到领导的关注和处理，这对员工本身是一种肯定和激励，也会促进其他员工踊跃地参与进来；否则，员工会感到自己上报的未遂事件不受重视，从而偃旗息鼓，不能形成未遂事件报告的长效机制。但未遂事件数量众多，这就需要对未遂事件进行分级管理。筛选上报的未遂事件，要确定优先处理的部分，优先反馈较大未遂事件。对于一般未遂事件，由车间或部门安全员及车间班长、部门负责人等组织调查和分析。

未遂事件管理报告制度实施开始后，可能由于员工对其认识不到位，积极性不足，报告质量不高，因此可以建立相应的评比机制，对优秀的未遂事件报告进行公开表扬和奖励，从而起到带头和推动作用。

（四）未遂事件的原因分析

企业管理人员应对事件的发生原因进行全面分析，制定的纠正与预防措施应符合实际和具有可操作性，并确定纠正与预防措施的实施责任人和具体的完成时限，进行跟踪验证。

未遂事件的原因分析与伤害事故的原因分析基本相同。在对未遂事件的原因进行分析时，需要查明事件发生的直接原因、间接原因和管理原因。一般情况下，事件的风险程度越高，投入原因分析的精力也就越大。在进行原因分析的同时，还需注意要有报告者的参与调查，如果没有充分考虑报告者上报的未遂事件发生原因，会使报告者失去参与的热情。

调查人员可以按照5W1H（Who、When、Where、What、Why、How）原则去调查访问未遂事件发生的经过，并根据未遂事件信息分析安全及生产上存在的问题，区分该次事件的发生是新问题还是老问题。如果是以前出现过的问题，就意味着管理责任未落实，处理措施不到位，管理松懈。要根据问题的属性，判断是属于人的不安全行为还是物的不安全状态所致。

仅仅认真处理分析单独的未遂事件是不够的。只有定期对所上报的未遂事件进行整体分析，才能获得未遂事件管理体系带来的全面效益，发现企业的不安全因素所在。对未遂事件的整体分析是对企业一个阶段内安全趋势的准确描述和预测的依据，可以为企业的风险评估提供数据。未遂事件管理初期，车间、企业可一个月统计分析一次本组织的未遂事件，填写未遂事件月报表（表B-2，供参考）。分析引起事件的设备设施、工艺危害因素，分析不安全行为和不安全习惯的趋势，分析管理缺陷，以便从本质安全、管理上采取纠正和预防措施。

表B-2 未遂事件月报表

时间	年 月 日至 年 月 日				
情况综述					
典型案例					
未遂事件分布规律分析	人的不安全行为分布规律				
	物的不安全状态分布规律				
	环境不安全状况				
	管理缺陷				
改进建议和措施					
审批人		审核人		填写人	

（五）未遂事件的纠正及改善措施

根据掌握的信息从人、物、作业及环境等方面入手，制定未遂事件纠正措施。首先假设各种对策措施，利用头脑风暴法再从中选择最优的对策措施予以实施。

（1）首先针对分析出的原因逐一采取纠正和预防措施。有时候虽然没有特别有效可行的解决办法，但也应采取应急或补救、加强巡检等措施。通过对未遂事件的原因分析，得出的警示应不仅仅针对该次事件，应将教训尽可能应用到类似系统中。如发现一辆起重机由于吊绳质量问题发生物料坠落，则应整改涉及整个组织的所有起重吊绳、起重部件，甚至对采购管理进行整顿。对采取的纠正和预防措施的有效性应由专人进行跟踪验证。

（2）对策措施在实施过程中，需进行跟踪检查，详细记录其实施经过和结果，以便验证并做出进一步的评价，直至完成。

（3）对对策实施后的结果进行评估。若改进不充分，需进一步协商，对其中存在的问题或偏差及时加以修正，采取更有效积极的应对措施进行改善，以防止类似事件甚至是伤害事故的出现和新隐患的发生，从而实现企业生产的本质安全。

未遂事件潜在原因和纠正预防措施可参考表B-3。

表B-3 未遂事件潜在原因和纠正预防措施

原 因	纠 正 与 预 防 措 施
人 的 因 素	
缺乏工作程序	进行安全分析，制定安全工作程序
不知道正确的程序	提供培训，增加员工获知正确程序的渠道

表B-3（续）

原　因	纠正与预防措施
知道程序但未遵守	找出未遵守的原因；鼓励员工报告关于程序的问题，如必须修改程序，与员工讨论程序并修改，通知相关的人员；加强监督
因心理或生理原因不能完成工作	加强沟通，必要时按规定调整岗位
工作中任务难度大而不能实施	重新设定工作任务指标或改变工作程序
缺少个人防护装备	提供适当的个人防护装备
不知道需要个人防护装备	提供培训
知道需要个人防护装备，但不会使用	与员工讨论其使用方法，并进行使用练习
缺乏应急设施	提供必要的应急设施
应急设施没有正确发挥作用	建立对应急设施的检查程序；立即修理或更换应急设施
不知道如何使用应急设施	提供使用应急设施的培训
设备和物料	
质量或条件有缺陷	进行检查、维护、修理、更换或者向上级报告；检查质量控制或巡检等工作程序，如有缺陷及时修订
设计缺陷	改变设计；评审设计管理程序或设备的采购程序；鼓励员工报告设计缺陷或设备的危害
未识别出危害	提供危害识别培训；加强对施工前危害识别的监督；提供检测条件以检测危害
危害性条件未报告	与员工讨论危害报告程序，查出原因，鼓励员工报告
危害性条件识别了、报告了，但未及时采取措施	查明原因；加强监督
缺乏设备检查	评审设备检（维）修程序；加强监督
检查未能检测出危害	评审检查程序，必要时做修改；检查现场人员是否会使用检测设施，必要时进行培训指导；检查检测条件是否满足要求
使用不适当的工具或物料	提供适当的设备、工具或物料；进行使用代用品中避免危害的培训
没有适当的设备、工具或物料	提供适当的设备、工具或物料；评审采购程序；预测未来的需求
设计时未考虑操作因素	改造设备，使之更加适应操作者的能力
环境的因素	
设备或员工的位置缺陷	实施工作安全分析；改变位置；方位或设备的放置；改变员工的位置；提供护栏、路障、屏障、警示标志等

表B-3（续）

原　因	纠 正 与 预 防 措 施
危险区域	评审工作程序；培训员工避免该区域的危害；提供护栏、路障、屏障、警示标志等
工作空间不够	评审工作场所的需求，必要时改变
涉及下述的不安全状态：照明、噪声、空气污染、极端温度、通风、振动、辐射、地面和工作面	必要时监测工作条件，将结果与可接受的水平进行比较；进行必要的改变，以控制照明、噪声、空气质量、温度、通风、振动和辐射在可接受的范围
管 理 的 因 素	
监督人未能发现、阻止或报告危险条件	提供培训，改进监督人员在识别和报告危害方面的技能
监督人未能发现、阻止或报告违章的现象	评审程序；增加监督人员监测频次；加强对监督人员的培训和约束
管理人员没有将存在的或可能的危险通知员工	加强沟通；评审危害沟通程序，进行必要的修改
管理人员没有使员工和监督人对安全负起责任	管理人员进行检讨，并与工作场所的每个人进行清楚的沟通并确定其安全责任；提供安全培训；采取安全激励措施
缺乏对监督人的培训	为监督人提供必要的培训
管理人员没有对已知的危险状态采取纠正措施	查明原因；按规定进行处理；加强培训指导

（六）未遂事件的共享

只有通过未遂事件的共享，才能真正让全体员工认识到未遂事件管理的重要性，避免类似事件的发生，提高全员的安全意识。对上报的有价值的未遂事件报告书，要指出未遂事件可能造成的后果，提出预防措施，在宣传专栏上发布，实现未遂事件安全经验的分享。企业还可将未遂事件报告拿到安全例会上进行深入的交流和讨论。同时对被共享的未遂事件的上报者提出表扬并进行一定的物质奖励，进一步调动员工参与安全生产的积极性。

未遂事件报告共享的范围不仅涉及安全管理人员、技术人员、操作人员，在必要的情况下还要包括承包商、供应商、顾客等。一般采取分级共享的方式传达未遂事件的信息，有的未遂事件报告只要在车间内共享即可，有的未遂事件报告需要在全公司或集团公司范围内进行共享，有的则需要与企业、承包商和供应商等其他人员分享。同时应当注意，未遂事件共享应避免提及事件发生者和其他相关人员的姓名，若有照片信息也要对人做模糊处理，以避免参与者的抵触情绪。

未遂事件共享可参考表 B-4 的格式进行。

表 B-4　未遂事件共享表

发生时间		发生区域	
事件内容		事件发生地点	
事件类型：			
事件概述和结果：			
直接原因：			
间接原因：			
管理原因：			
整改措施：			

四、未遂事件管理保障措施

企业各级管理人员应充分认识生产安全未遂事件管理的重要性和现实意义，以实际行动支持未遂事件管理的实施，为企业未遂事件的全员参与起到模范带头作用，并通过建立和不断完善各种保障措施推进未遂事件管理的有效实施。

（一）制度保障

企业应建立文件化的未遂事件管理制度，明确企业的未遂事件管理程序。只有建立详细的管理制度，才能保障未遂事件管理工作顺利开展。要通过及时、全面、准确的信息收集、汇总，对未遂事件的管理工作提供依据和基础，并对收集的未遂事件加以整理、分析、归类、建档。未遂事件的管理制度必须包括员工和管理人员的责任与分工、详细的奖惩措施、未遂事件管理过程中所需的表格等，尤其是激励制度。

通常我们对已经发生的事故，按照“四不放过”原则处理。但是对于未遂事件，就不能使用“四不放过”原则了，否则，事件当事人以及利益相关者就会因为害怕被追究责任而隐瞒事件真相，这样对预防事故、控制事故发生是非常不利的。建议采取类似于“民航安全无惩罚自愿报告系统”的制度，把工作焦点从强调严肃处理当事人逐渐转向查找事故隐患及其原因、做好预防措施等方面。

（二）组织保障

应建立未遂事件管理组织，明确企业未遂事件的管理部门和责任，其小组成员必须有高层管理者。安全管理人员应端正对未遂事件管理的态度，对其重要性有足够的认识。管理小组负责调查收集未遂事件，组织专家和相关人员进行调查、宣传，并追踪未遂事件管理的成效。高层管理者和其他安全管理人员要将未遂事件作为安全管理的重要内容之一，在会议、检查、评审中高度关注。建立未遂事件管理长效机制，将未遂事件参与程度纳入员工工作绩效考核，督促管理人员和员工积极参与未遂事件的管理。

（三）企业安全文化保障

通常我们认为一线员工是未遂事件信息收集的主要来源，然而大多数企业的一线员工受教育程度普遍较低，使企业推进未遂事件管理的工作受到一定的影响。为此，企业应在对现有员工安全素质状况评估的基础上大力加强企业安全文化建设，加强一线员工的安全教育。

通过安全教育，使广大员工充分认识到未遂事件的严重性和危害性，增强安全意识，提高生产作业过程中遵章守纪的自觉性，强化自保和互保的能力，最终达到降低未遂事件发生概率的目的。另外，通过安全教育让员工掌握识别未遂事件的方法，使其加入到未遂事件管理中去，从而达到全员参与的目的。

推行全员安全管理理念，我们要通过培训来帮助员工完成从“要我安全”到“我要安全”的转变，进一步提高员工的安全知识水平和安全意识。要把未遂事件当作安全教材，积极开展未遂事件分析讨论活动及安全知识竞赛活动，培养员工“预防为主”的安全价值观，以达到“学习的目的是改变思想、学习的结果是改变行为”的效果。

参 考 文 献

（英）阿瑟顿，等．过程安全事故解析［M］．赵东风，韩丰磊，刘义，等，译．东营：中国石油大学出版社，2015.